EL CUERPO, UNA HISTORIA POR PARTES

Cómo millones de años de evolución y nueve meses
de desarrollo nos hacen ser como somos

RAMÓN MUÑOZ-CHÁPULI

El cuerpo, una historia por partes. Cómo millones de años de evolución y nueve meses de desarrollo nos hacen ser como somos
© Ramón Muñoz-Chápuli, 2025
© de esta edición, Shackleton Books, S. L., 2025

Shacklet⌀n
— b o o k s —

(f) (y) (⊚) @Shackletonbooks
shackletonbooks.com

Realización editorial: Bonalletra Alcompas, S. L.
Diseño de cubierta: Pau Taverna
Diseño y maquetación: reverté-aguilar

Depósito legal: B 23723-2024
ISBN: 978-84-1361-326-0
Impreso por EGEDSA (España)

A Mari
A Mar
A Pablo
Por tanto recibido

Hay solo un templo en el mundo, el cuerpo humano.
Nada es más santo que esta forma suprema [...]
Se toca el Cielo cuando se acaricia un cuerpo humano.

Novalis, *Schriften*, Vol. III

CONTENIDO

Prólogo

Querida lectora, querido lector:

Vivimos en una época marcada por un desmedido interés por el cuerpo humano. Las cifras de facturación en sectores como la cosmética, la cirugía estética, los gimnasios o los cuidados corporales aumentan año tras año. Mirando hacia el futuro, ya se especula con escenarios transhumanistas basados en el desarrollo de tecnologías que mejorarán las capacidades del cuerpo humano. El conocimiento de nuestro genoma y la posibilidad de edición genética abren la puerta a intervenciones que podrán ser tanto positivas (tratamiento y prevención de enfermedades) como discutibles (bebés de diseño, dopaje genético, mejora de la especie humana, adquisición de superpoderes...).

No hay duda de que cada vez nos interesa más nuestro cuerpo, pero ¿realmente lo conocemos? ¿Eres consciente de cómo has llegado a ser tal y como eres? En muchos aspectos nuestro cuerpo, y en particular su historia, sigue siendo un desconocido.

Por eso, el propósito de este libro es narrar la doble historia de *tu* cuerpo. Por un lado, voy a describir las innovaciones que fueron apareciendo en nuestros ancestros a lo largo de millones de años de evolución y que llevaron a la organización actual del cuerpo humano. Al mismo tiempo, recorreremos en paralelo otra historia, mucho más breve. Esta solo dura unos nueve meses, desde tu concepción hasta tu nacimiento. A lo largo de ese periodo, tu cuerpo adquirió su compleja forma partiendo de una simple célula. Puede parecer que son dos historias que no tienen nada que ver, pero confío en convencerte de lo contrario, de que podemos leer una parte importante de la milenaria historia evolutiva del cuerpo humano en el desarrollo embrionario.

Estoy seguro de que, si tienes la paciencia de llegar al final de este recorrido, no volverás a ver tu cuerpo como antes. Descubrirás que tu vientre corresponde al dorso de la mayoría de los animales, que tus neuronas tienen mucho que ver con tu piel, que tus dientes fueron escamas en otro tiempo, o que tu tiroides fue utilizada por nuestros antepasados para capturar alimento. Y muchas cosas más que te sorprenderán y te enorgullecerán de tener un cuerpo como el tuyo.

A lo largo de este texto he simplificado cuestiones a veces muy complejas, para facilitarte la lectura y ayudar a que fuera más amena. He reducido al máximo los términos técnicos, pero algunos han sido inevitables, así que encontrarás un pequeño glosario al final del libro. También te propongo algunas referencias en cada capítulo, por si quieres informarte más acerca de lo tratado.

Una de las cuestiones en las que he sacrificado la precisión en favor de la sencillez es la denominación de los grupos de animales. Por eso hablaré de vertebrados e invertebrados, de peces, anfibios y reptiles; aunque, en realidad, desde hace mucho tiempo estos términos coloquiales ya no se emplean en la clasificación animal. Los grupos taxonómicos deben ser monofiléticos, es decir, estar formados por todos los organismos que descienden de

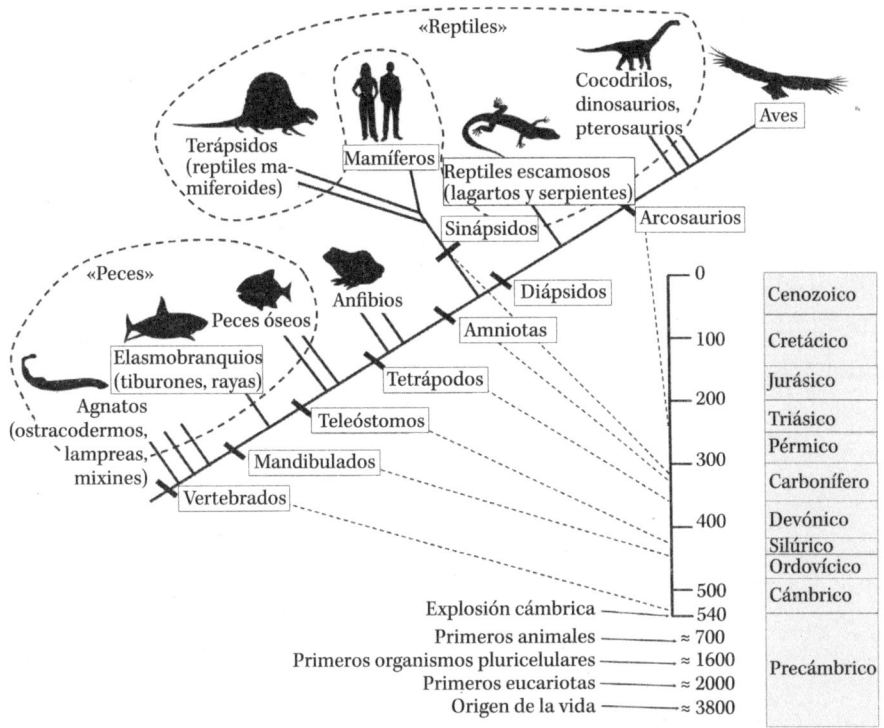

Figura 1. Esquema de la evolución de los vertebrados. Los nombres en el recuadro corresponden a grupos monofiléticos, formados por todos los descendientes de un mismo ancestro. Los demás grupos no cumplen con esta condición y por eso sus nombres no son utilizados en la taxonomía. Observa la posición de los mamíferos relativa a otros grupos. En realidad, el origen de nuestro linaje (los sinápsidos) es bastante primitivo y, desde luego, anterior al linaje de dinosaurios y aves (arcosaurios). He situado en la escala temporal (en millones de años antes del presente) los periodos geológicos y los principales acontecimientos evolutivos que se describen en este libro.

un único ancestro. Esta condición la cumplen los mamíferos y las aves, pero no ocurre en el caso de los peces, los anfibios o los reptiles. La figura que acompaña a este texto te permitirá comparar los términos coloquiales que todos conocemos con los nombres que utilizamos los biólogos para definir a cada uno de los grupos de vertebrados. Encontrarás también una escala temporal en la que podrás situar los principales acontecimientos evolutivos que originaron estos grupos.

Para terminar, espero que me disculpes por tutearte, porque no nos conocemos, pero precisamente por tratar un tema tan personal, tu cuerpo, el mío, el de todos los humanos, me he atrevido a establecer contigo, desde el principio, un vínculo cercano a través del lenguaje. Aclarado esto, ya podemos empezar.

Un cuerpo animal

Somos animales. Sin embargo, no siempre somos conscientes de todo lo que significa que seamos animales. No nos paramos a pensar en todos los momentos, distribuidos a lo largo de miles de millones de años de evolución biológica, en los que se produjeron acontecimientos, innovaciones más o menos significativas, sin las cuales no estaríamos hoy en la Tierra en tanto que seres vivos, vertebrados, mamíferos y primates.

La idea de la animalidad humana tardó mucho en abrirse camino en la conciencia y en la ciencia. Creo que muchos naturalistas de la Antigüedad estaban convencidos de que lo éramos, pero nadie se atrevió a afirmarlo en voz alta hasta bien entrado el siglo XIX, cuando la obra de Darwin abrió el incendiario debate sobre la evolución humana, con todo aquello de que el hombre viene del mono... Se cuenta incluso que el obispo Wilberforce preguntó al gran defensor de Darwin, Thomas Huxley, en un debate público, si descendía del mono por parte de padre o de madre. Sí, los seres humanos somos animales y descendemos de ancestros animales. Y la verdad, visto con perspectiva, no había por qué montar tanto escándalo.

La palabra «animal» ya se usaba en el latín clásico para referirse a los seres dotados de *animus*, soplo o aliento vital.[1] Esta idea de que los seres animados estaban impulsados por una fuerza o fuente de movimiento interior procede de Aristóteles, el primer gran clasificador de la naturaleza. Para entender esto, es importante conocer la distinción que hacía Aristóteles entre materia y forma. Según este filósofo griego, una silla está hecha de una determinada materia (por ejemplo, la madera o el acero) a la que alguien ha dado una determinada forma (patas, asiento, respaldo...). En el caso de la silla, no hay duda de que para dar forma a la materia es necesario que exista un agente que aplique a dicha materia un plan concreto de construcción. Sin embargo, Aristóteles dedicó una parte importante de su obra a tratar el caso de los seres vivos, que le fascinaban porque eran capaces de adquirir una forma (el árbol a partir de una semilla, la gallina a partir de un huevo) sin que fueran evidentes ni el agente de su transformación ni el plan que esta seguía. Aristóteles concluyó que los seres vivos (es decir, los «animados») estaban dotados de un impulso interior que era el agente imprescindible para el desarrollo de su forma.

Pero cabe decir que no todos los seres animados manifestaban ese impulso de la misma manera, y eso también lo observó Aristóteles. Por tanto, sus almas debían de tener propiedades distintas. Por ejemplo, las plantas crecían y se reproducían, pero no eran capaces de responder a estímulos externos. Aristóteles concluyó que su alma era vegetativa (*bios, βίος*), una fuerza simple, necesaria y suficiente para dirigir los procesos básicos de los seres vivos: el crecimiento y la reproducción. Muy diferentes eran

---

[1]   A su vez, *animus* deriva del griego ἄνεμος (*ánemos*, 'soplo' o 'viento'). Ya sabes que la velocidad del viento se mide con el anemómetro, pero probablemente no te habías fijado en que anemómetro y animal comparten un mismo origen etimológico.

los animales, seres vivos que exploraban su medio, reaccionaban ante un peligro, huían o atacaban. Estos seres, además de alma vegetativa, debían de tener un segundo tipo de alma, el alma sensitiva (*zoé, ζωή*). Y, por último, Aristóteles concluyó que los seres humanos, además de almas vegetativa y sensitiva, debían de tener también un alma de un tipo superior, un alma racional (*psyché*, ψυχή), que es la que les permite reflexionar, razonar y comprender.[2] Por tanto, según Aristóteles, somos animales (sin duda) pero con un tipo de alma distinta y propia: somos animales racionales.

El cristianismo adoptó el concepto de alma, otorgándole otro sentido inspirado en las ideas platónicas. Este nuevo concepto entendía el alma como un espíritu que habita el cuerpo humano y sigue existiendo de alguna manera después de la muerte. De este modo, los animales, a pesar de que debían su nombre a la posesión de un alma, fueron separados de los humanos, ya que carecían de alma inmortal. Por el contrario, los seres humanos no podían de ninguna forma ser considerados animales. Y de ahí el debate que estalló cuando Charles Darwin (1809-1882) y Thomas Huxley (1825-1895) incluyeron a los humanos en su concepción de la evolución animal.

Pero dejemos estas cuestiones filosóficas a un lado y volvamos a la identidad animal de nuestro cuerpo, que en pleno siglo XXI ya tenemos asumida (al menos la mayoría de nosotros). Para comenzar a comprender nuestro cuerpo debemos aceptar que no es otra cosa que un cuerpo animal. ¿Qué significa esto? Busca un espejo y mírate en él. Verás tu piel, tus ojos, tu pelo... Todo lo que contemples está formado por células, aunque no seas capaz de verlas a

---

[2] He usado las palabras originales griegas, porque con el tiempo llegarán a ser muy importantes cuando se vayan definiendo las diferentes ciencias. Sí, te has dado cuenta: biología, zoología, psicología...

simple vista. De hecho, los humanos tardamos muchísimo tiempo en conocer las células, porque solo con nuestros ojos no podíamos. Además, este conjunto ingente de células tiene propiedades que lo distinguen de otros seres pluricelulares como plantas y hongos. Pero vayamos poco a poco y empecemos por el principio...

En el principio fueron las células...

El descubrimiento de las células fue posible gracias al microscopio inventado por el neerlandés Anton van Leeuwenhoek (1632-1723). Leeuwenhoek era un comerciante de paños que necesitaba lentes de aumento para comprobar la calidad de los tejidos. Tenía una habilidad excepcional para tallarlas, y su curiosidad le llevó a utilizar sus magníficas lentes para observar todo lo que se ponía a su alcance. Leeuwenhoek merece como pocos el título de descubridor de un nuevo mundo, porque nadie había contemplado antes la miríada de seres vivos que contiene una gota de agua o la tierra de una maceta. El propio sarro de los dientes, que también pasó bajo la lente del perspicaz neerlandés, le permitió describir por primera vez las bacterias, y no es preciso que mencionemos los detalles que hicieron posible que observara los espermatozoides.

Durante años, Leeuwenhoek remitió sus observaciones a la Royal Society inglesa, institución que encargó a su más habilidoso técnico, Robert Hooke (1635-1703), que fabricara un microscopio y reprodujera las observaciones de Leeuwenhoek. Con este instrumento, Hooke observó el corcho y otros tejidos vegetales, y describió la existencia de estructuras en forma de celdillas, *cellulae* en latín. Todavía hizo falta que pasaran más de cien años hasta que dos naturalistas alemanes, Theodor Schwann (1810-1882) y

Matthias Schleiden (1804-1881) enunciaran la teoría celular: la célula es la estructura básica de todos los seres vivos. Por tanto, comprender la vida y su fascinante diversidad (lo que incluye a nuestro propio cuerpo) empieza necesariamente por comprender la célula.

Un cuerpo humano es un conjunto de muchas, muchísimas células. ¿Cuántas? No se sabe con exactitud. Las estimaciones más fiables apuntan a una cifra de 30 o 40 billones. Cuando caminamos, comemos o tocamos una armónica, esos entre 30 y 40 millones de millones de células actúan de forma coordinada para que podamos movernos de forma razonablemente correcta. Esas células no son iguales. Tenemos más de 200 tipos diferentes en nuestro cuerpo: neuronas, células musculares o filtradoras del riñón, linfocitos defensivos o fotorreceptores en la retina. Cada una desempeña su función y colabora con las demás para que todo esté bien orquestado en una maravillosa sinfonía de funciones... Qué complicados somos, ¿no?

Hablemos de un animal muchísimo más sencillo. Se llama *Caenorhabditis elegans*, y es un pequeño gusano nematodo que mide alrededor de un milímetro. Habita en el suelo y, desde hace algunas décadas, también vive y se reproduce en las placas de cultivo de los laboratorios de todo el mundo. Se trata de un extraordinario modelo que nos permite entender lo que significa ser un animal, precisamente por su extrema sencillez. Su cuerpo adulto posee exactamente 959 células somáticas (sin contar las reproductoras que proliferan continuamente). ¡Qué diferencia con el nuestro! Se podría pensar entonces que la genética que gobierna su diminuto cuerpo es muchísimo más sencilla que la nuestra, pero no es así. Aunque no disponemos de la cifra exacta, los seres humanos organizamos, mantenemos y ponemos en funcionamiento nuestro complejísimo cuerpo con alrededor de 22 000 genes codificadores de proteínas, según las más recientes estimaciones. ¿Cuántos genes necesita *Caenorhabditis elegans* para organizar sus 959 células? La lógica apunta que deberían ser muchísimos menos. Pues no. En este minúsculo animal se han descrito casi 20 000 genes. Por no hablar de la mosca del vinagre (la drosófila), que nos supera con sus casi 27 000 genes.

Esta paradoja, la falta de correlación entre la complejidad genética y la complejidad orgánica, es clave para entender lo que significa ser un animal. Y para explicarlo, tendremos que retroceder al origen de la vida en la Tierra.

...Y esto no cambió durante muchísimo tiempo

Nuestro planeta se formó por acreción de gases, polvo y fragmentos sólidos de diverso tamaño, producidos tras el colapso gravitatorio de una nube de gas y polvo interestelar. Esto ocurrió hace unos 4500 millones de años. Esta Tierra primitiva no era un lugar precisamente acogedor. Su temperatura era altísima y continuamente era bombardeada por fragmentos espaciales sólidos, atraídos por su campo gravitatorio. La superficie de la Luna, que no ha sufrido procesos de erosión y está cubierta de sus famosos cráteres, es un buen testigo de lo violenta que fue aquella época. Poco a poco la Tierra se fue enfriando y el vapor de agua de su atmósfera se condensó, y cayó en forma de lluvias torrenciales sobre las rocas, enfriándolas cada vez más. Al final, el agua pudo acumularse en las partes más bajas, formando los océanos, y fue disminuyendo el impacto del bombardeo cósmico. Aunque había agua líquida, por entonces la Tierra tampoco era un lugar agradable para los seres vivos. Su atmósfera tenía muy poco oxígeno y los rayos ultravioletas del Sol barrían su superficie. Aun así, en aquel ambiente hostil y seguramente en el medio marino, surgió la vida, hace unos 4000 millones de años.

¿Y cómo surgió la vida en nuestro planeta? Se han propuesto diversos modelos, de los cuales los que se basan en las propiedades del ácido ribonucleico (ARN) son los más aceptados. Sin embargo, discutir sobre esto se escapa del objetivo de nuestro libro (si tienes interés puedes consultar las referencias al final de este capítulo). Lo que nos interesa ahora es que la vida surgió primero en forma de células. Células individuales, aisladas, autosuficientes, con la capacidad de absorber nutrientes, síntesis de moléculas orgánicas y reproducción. Y con la capacidad de evolucionar, de generar novedades a lo largo del tiempo gracias a procesos de mutación en su material genético. Esa capacidad de producir novedades, acoplada a procesos de selección natural, permitió que la vida evolucionara y se diversificara desde sus comienzos.

Las dos palabras clave del párrafo anterior son «células individuales». La vida surgió en forma de células independientes, básicamente organizadas como las bacterias actuales. Es cierto que en algún momento estas células desarrollaron sistemas para intercambiar material genético entre ellas, e incrementaron así su diversidad y su potencial evolutivo. Sin embargo, cada una de ellas vivía de forma autónoma, reproduciéndose por división, sin envejecer nunca y siendo potencialmente inmortales. En este mundo unicelular no había ninguna indicación de que en algún momento pudieran surgir nuevas formas de organización celular, basadas en organismos formados por miles o millones de células. De hecho, durante los primeros 2000 millones de años de evolución, la vida fue exclusivamente unicelular. Solo hace unos 1600-1800 millones de años aparecieron en el registro fósil los primeros indicios de organización pluricelular, que tal vez correspondían a algas rojas primitivas o quizá a simples colonias de bacterias.

Durante esos 2000 millones de años de vida unicelular, los primeros seres vivos no perdieron el tiempo. Ocurrieron dos acontecimientos que iban a ser esenciales para que nosotros, los animales, entrásemos en escena mucho tiempo después. El primero fue un invento genial, la fotosíntesis. Un grupo de bacterias, las cianobacterias, adquirió la capacidad de utilizar la energía de la luz solar para sintetizar hidratos de carbono a partir del dióxido de carbono atmosférico y del agua, dos moléculas muy abundantes. Se calcula que esto debió de ocurrir hace unos 2800 millones de años. Lo bueno del invento de la fotosíntesis es que las moléculas de carbohidratos almacenan energía que se puede recuperar después si se oxidan.

Este proceso químico desarrollado por las cianobacterias tuvo un efecto secundario imprevisto: liberaba oxígeno. A medida que las cianobacterias proliferaban por todo el planeta, a lo largo de cientos de millones de años, expulsaban a la atmósfera gigantescas cantidades de oxígeno. Seguro que te estás preguntando: ¿entonces el oxígeno de nuestra atmósfera, el que nos permite respirar y oxidar carbohidratos, fue producido por aquellos primeros seres vivos? La respuesta es sí, y muchísimas más cosas. Hay que tener en cuenta que la atmósfera primitiva de nuestro planeta apenas contenía oxígeno. Los metales, como por ejemplo el hierro, permanecían inalterados, y buena parte de las primeras remesas de oxígeno se consumió para oxidar todo lo oxidable. Otra parte del oxígeno contribuyó a la formación de la capa de ozono (una molécula con tres átomos de oxígeno), que filtraba los rayos ultravioleta, haciendo habitable la superficie terrestre.

Los animales podrían no haber aparecido nunca, pero cuando lo hicieron encontraron un escenario propicio.

Así que durante los primeros 2000 millones de años de vida en el planeta Tierra lo único que pululaba por sus mares y aguas dulces eran las bacterias. Muchas y muy variadas, eso sí. Ya hemos hablado de las bacterias fotosintéticas, empeñadas en contaminar la atmósfera con su oxígeno. Otras desarrollaron reacciones químicas diversas para obtener energía usando, por ejemplo, sulfuros o amoníaco. Y otras, aprovechando la cada vez mayor disponibilidad de oxígeno, encontraron la forma de obtener moléculas orgánicas, oxidarlas y extraer de ellas la energía almacenada. Este proceso se llama heterotrofia (*héteros*: 'diferente'; *trophē*: 'nutrición') y a los humanos nos resulta familiar... Sí, porque nosotros, y todos los demás animales, somos heterótrofos: utilizamos oxígeno atmosférico para oxidar moléculas orgánicas y obtener la energía necesaria para vivir.

Pero vayamos poco a poco, porque los humanos todavía no hemos aparecido en esta historia. El segundo acontecimiento evolutivo trascendental para la aparición de los animales se produjo hace unos 2000 millones de años. Consistió en la asociación de bacterias heterótrofas (las que habían aprendido a oxidar la materia orgánica) con otras bacterias más grandes. Supuso un caso excepcional de simbiosis en el que ambos microorganismos salieron ganando. La bacteria grande podía alimentarse de materia orgánica, dejando que sus pequeños huéspedes realizaran las funciones químicas de oxidación que tan eficazmente sabían hacer. Por su parte, las bacterias huéspedes encontraron un ambiente protegido en el que vivir y reproducirse. Eso sí, dejaron de ser células libres y se convirtieron en orgánulos celulares, los mismos que hoy conocemos como mitocondrias. En las mitocondrias se

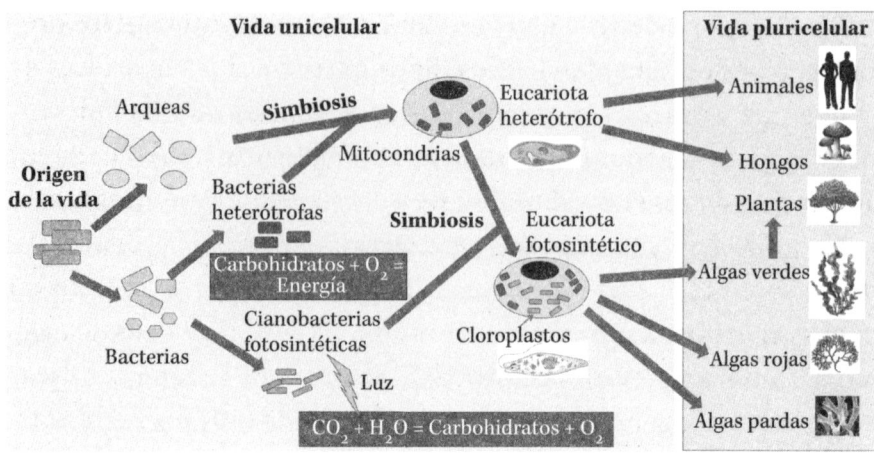

Figura 2. La vida en la Tierra apareció en forma de células individuales, y esta forma de organización fue la única que habitó nuestro planeta durante más de 2000 millones de años, diversificada como bacterias y arqueas. La vida pluricelular surgió después de dos acontecimientos fundamentales, el primero fue el origen de las células eucariotas, por simbiosis de arqueas y bacterias heterótrofas con metabolismo oxidativo, que dieron lugar a las mitocondrias. El segundo consistió en el origen de eucariotas fotosintéticos por una segunda simbiosis con cianobacterias. De esta forma aparecieron algas, hongos, plantas y animales. Solo las plantas, las algas rojas, las algas pardas y los animales se forman mediante un desarrollo embrionario. Las algas pardas probablemente adquirieron la capacidad fotosintética por un evento adicional de simbiosis entre un eucariota y un alga roja unicelular.

realiza el proceso de oxidación que proporciona a nuestras células la energía imprescindible para todos sus procesos vitales. Además de esta novedosa situación, la bacteria hospedadora rodeó su material genético de una membrana, de manera que se formó un núcleo celular diferenciado. Había nacido la célula eucariota y con ella un nuevo grupo de organismos más complejos que las bacterias: los organismos eucariotas, que son el grupo al que pertenecemos.

Un ejemplo de estas células eucariotas son las amebas, los protozoos ciliados o los flagelados. Pero no todos los eucariotas se conforman con ser heterótrofos y verse obligados a buscar alimento. Un segundo acontecimiento de simbiosis provocó que un eucariota se asociara con cianobacterias (que, recordemos, son bacterias fotosintéticas). Las cianobacterias perdieron su existencia libre, como había sucedido con las mitocondrias, y se convirtieron en orgánulos celulares: los cloroplastos. De esta forma, este sagaz eucariota se aprovechó de sus huéspedes para no tener que buscar y absorber materia orgánica que oxidar, puesto que ya se encargaban de producirla sus cloroplastos, como muestra la Figura 2.

La organización pluricelular, tan ventajosa como excepcional

Ya estaba todo dispuesto para poner fin a millones de siglos de vida exclusivamente unicelular y que aparecieran nuevas formas de organización. Las pioneras fueron las algas, que se originaron a partir de los eucariotas fotosintéticos. Aparte de algunos indicios más antiguos, está claro que hace unos 1600 millones de años las algas rojas ya poblaban las costas marinas. Las algas verdes fueron más tardías, y constan en el registro fósil desde hace unos 750 millones de años. Los descendientes de estas algas colonizaron la Tierra más tarde, originando las plantas verdes. A partir de otros eucariotas heterótrofos surgieron también los animales y los hongos. Los animales, en concreto, evolucionaron a partir de eucariotas heterótrofos y los encontramos como fósiles desde hace unos 650 millones de años. Otros estudios sitúan su origen 700 millones de años antes del presente. Los hongos son bastante más recientes, se cree que aparecieron unos 300 millones de años antes del presente.

No pensemos que el fenómeno evolutivo al que debemos nuestra propia existencia como animales es una cuestión sencilla. El primer animal no surgió a partir de la agregación de un puñado de células eucariotas. Vamos a verlo con detenimiento. Primero tenemos que entender bien cómo se llega a ser pluricelular. Solo hay dos formas de pasar de células individuales a organismos pluricelulares. Lo más sencillo es que varias células se agreguen en un conjunto y repartan entre ellas sus funciones. Esto ocurre en bastantes linajes de eucariotas. Por ejemplo, *Dyctiostelium* es un tipo de amebas que se agrupan por miles cuando las condiciones ambientales son desfavorables y forman un organismo con células especializadas que migra, fructifica y produce esporas. Es fascinante esta «renuncia a la individualidad» que hacen las amebas en contra de sus intereses particulares, pero en beneficio de la supervivencia de la especie.

La pluricelularidad que nos concierne, porque es la que originó a nuestros ancestros, es la llamada clonal. Consiste en que una célula fundadora se divide, da lugar a un conjunto de células genéticamente idénticas y a partir de ahí se produce la distribución de funciones entre ellas. Está claro que esta forma de adquirir la pluricelularidad nos recuerda mucho a lo que sucede durante nuestro desarrollo embrionario. El cigoto del que procedemos se divide, una, dos, múltiples veces. Durante nueve meses da lugar a millones y millones de células que se especializan y terminan creando ese encantador bebé que somos al nacer.

Llegar a ser pluricelular por medio de un proceso evolutivo que se sigue recapitulando en el desarrollo embrionario es muy infrecuente en la evolución de los seres vivos. Solo las plantas verdes, las algas rojas, las algas pardas y los animales nos formamos tras un desarrollo embrionario, lo que indica un origen derivado de un evento de pluricelularidad clonal. Los hongos son un caso especial, también surgen de una adquisición de pluricelularidad clonal pero no tienen un auténtico desarrollo embrionario.

A estas alturas espero haber dejado claro que la vida unicelular es la condición normal de la vida en la Tierra, mientras que la pluricelularidad con desarrollo embrionario de las algas, las plantas y los animales, nuestra propia naturaleza, es excepcional. La palabra «excepcional» se nos queda muy corta, considerando las pocas veces que se ha producido esto en los 4000 millones de años de evolución biológica. Y esto resulta aún más sorprendente si tenemos en cuenta las grandes ventajas que supone ser un organismo pluricelular:

- Mayor tamaño; por tanto, tendremos menos enemigos entre las células que viven aisladas y más posibilidad de utilizarlas como alimento si somos heterótrofos.
- División del trabajo entre nuestras células, de forma que especialicemos cada tipo en una función. Recordemos que las células aisladas tienen que arreglárselas para realizar todas las funciones vitales.
- Como consecuencia de lo anterior, la gran ventaja de la pluricelularidad es que nos permite restringir la función reproductiva a un tipo específico de células (las células germinales, productoras de óvulos y espermatozoides), mientras que todas las demás (células somáticas) se encargan de protegerlas, alimentarlas y garantizar su éxito.

Ya que hablamos de células germinales y somáticas, no puedo evitar hacer un pequeño paréntesis. Sí, nuestro cuerpo animal es un complicado conjunto de billones de células somáticas que trabajan duro para asegurar el éxito de nuestras células germinales. Y cuando hablo de éxito me refiero a la continuidad de su linaje en nuestros descendientes. Las células somáticas albergan, alimentan y protegen a las germinales. Gracias a esto, el linaje germinal pervive a lo largo del tiempo, transmitiendo la información genética de generación en generación, al igual que ocurre con los organismos unicelulares. Este linaje se dedica a copiar esta información una y otra vez en moléculas de ADN, incansablemente, casi sin errores. Y este «casi» es fundamental para que estemos aquí, ya que esos rarísimos errores o mutaciones en el ADN son la base material de la evolución. Si la maquinaria de replicación del ADN fuera absolutamente perfecta en la Tierra podría haber vida, pero no diversidad biológica. Nunca agradeceremos lo suficiente a los mecanismos biológicos que no sean perfectos.

Por desgracia, el compartimento somático tiene fecha de caducidad una vez cumplida su función. Las células somáticas no transmiten nada a la siguiente generación. Por tanto, tenemos que entender que la muerte es una consecuencia inevitable de la pluricelularidad. Los seres unicelulares no envejecen, se dividen incesantemente, y no tienen por qué morir. La muerte es el precio que pagamos por tener células de todo tipo, incluyendo las neuronas que nos permiten escribir reflexiones como esta, leerlas y espero que disfrutar de ellas.

Volvamos a la idea de que la pluricelularidad implica ventajas evolutivas decisivas, aun considerando la funesta reflexión anterior sobre su coste. Sin embargo, ¡qué pocos organismos fueron capaces de dar el salto hacia la pluricelularidad y aprovechar sus ventajas! La razón estriba precisamente en lo que hemos señalado. La vida estaba organizada desde el principio en forma de células individuales, autónomas y autosuficientes. Sus genes codificaban las proteínas necesarias para la síntesis de las moléculas que formaban la estructura celular y las enzimas que llevaban a cabo las reacciones metabólicas y la replicación de los ácidos nucleicos. Un diseño perfecto para que dentro de la célula todo fuera bien y no se necesitara nada más. Por el contrario, la pluricelularidad derivada de un desarrollo embrionario implica muchas cosas más, que no estaban previstas en el diseño original. Por ejemplo:

- Sistemas de señales y comunicación entre las células, que permitan la división coordinada del trabajo.
- Elaboración y secreción de materiales extracelulares que contribuyan a la estructura del organismo. Piensa en colágenos, conchas, caparazones, cartílagos...
- Sobre todo, es preciso disponer de un plan muy preciso y elaborado que permita desarrollar el organismo pluricelular a partir de una célula huevo o cigoto.

Todo esto es nuevo en el mundo unicelular,[3] pero lo último es la clave. No podemos olvidar que un organismo pluricelular se forma a partir de un cigoto, de una célula individual. De esta celulita microscópica proceden nuestros 30 o 40 millones de millones de células. Esta formación implica un complejo despliegue de procesos coordinados de proliferación, diferenciación en tipos celulares especializados y migración, para que al final cada tejido y cada

---

[3] No del todo. Las más recientes hipótesis sobre el origen de los animales sugieren que un buen número de los genes necesarios para estos procesos ya estaban presentes en nuestros antepasados unicelulares. Por tanto, el origen de los animales pudo deberse a que todo ese potencial genético latente en nuestros ancestros se desplegara en las células descendientes de una división clonal. Más información al final del capítulo.

órgano esté en el sitio adecuado y funcione correctamente. Y esto no es para nada sencillo.

Ahora sí podemos explicar la paradoja de nuestra complejidad genética, que no es mucho mayor que la del minúsculo *Caenorhabditis elegans.* La mayor parte de nuestros genes y los suyos se ocupan de la «vida interior» de las células, de los procesos básicos de la vida celular, que son comunes en el conjunto de los seres vivos. Y una fracción comparativamente menor de los genes es la que dirige el proceso de desarrollo, la que termina por construir el edificio final, sea un gusano nematodo, un humano o un *Megalodon.* Pero no olvides que cada célula de todos estos seres pequeños o grandes, simples o complejos, gusanos o humanos, necesita un abundante arsenal genético para producir y utilizar energía, sintetizar las mismas moléculas y dividirse de la misma forma. Volveremos a tratar este tema en el epílogo.

Bien, hemos llegado por fin a dos puntos de partida que explican tu cuerpo animal. Somos heterótrofos, nos alimentamos de materia orgánica utilizando oxígeno, ambos elementos producidos por seres vivos. Y somos pluricelulares, es decir, el resultado final de un proceso maravilloso de desarrollo que comienza en una célula que apareció de la fusión de un espermatozoide con un óvulo. Un proceso que recapitula un acontecimiento evolutivo extraordinario, el que originó nuestro linaje animal cuando los seres vivos ya llevaban pululando por el planeta más de 3000 millones de años.

Todavía nos falta algo básico para entender lo que somos. Recuerda que los hongos son heterótrofos y pluricelulares como nosotros, aunque carezcan de un auténtico desarrollo embrionario. ¿Hay algo más que nos diferencie de ellos? Pues sí, y es muy importante.

Seguro que has visto alguna vez cómo un limón de tu nevera o despensa se cubría de una desagradable capa azulada o verdosa.

A nadie le gusta encontrarse con esto, pero estos organismos merecen un reconocimiento. Estamos hablando ni más ni menos que de los mohos del género *Penicillium*, parientes del hongo que condujo al descubrimiento de la célebre penicilina. ¿Cómo llegó este molesto huésped hasta tu limón? Los hongos se reproducen mediante esporas, células cubiertas de una capa resistente que circulan por todas partes. Cuando una de estas esporas tiene la suerte de caer sobre un cítrico dañado, germina y comienza a proliferar, secretando enzimas digestivas y absorbiendo la materia orgánica reblandecida para alimentarse. Aquí tienes una diferencia esencial con los animales[4] que nos remite al propio Aristóteles, con el que comenzábamos este capítulo. La sagacidad del filósofo macedonio le hubiera permitido distinguir inmediatamente a los hongos (ánima vegetativa) de los animales (ánima sensitiva). Los animales no enviamos esporas para encontrar alimento. Los animales buscamos el alimento, lo detectamos y lo capturamos de mil formas diferentes. Tenemos una relación sensible con el medio en general y con nuestro alimento en particular. Además, adoptamos estrategias para evitar convertirnos en el alimento de otros animales. Somos activos gracias al desarrollo de un sistema nervioso, presente en la inmensa mayoría de los animales.[5] Este sistema nervioso nos permite obtener información de nuestro medio, procesarla, integrarla y responder en consecuencia. Esta

---

[4] La naturaleza nunca deja de sorprendernos con su capacidad de desarrollar excepciones a las reglas. El argumento que desarrollo en este párrafo es que los hongos, que carecen de sistema nervioso, no despliegan ninguna actividad en la búsqueda y captura de alimento. Recientemente se ha descubierto que el hongo *Arthrobotrys oligospora* es capaz de elaborar trampas para atrapar pequeños gusanos. Luego, el hongo segrega enzimas, digiere a sus presas y se alimenta de ellas.

[5] Las esponjas y un grupo de minúsculos animalillos llamados placozoos carecen de sistema nervioso. Todos los demás animales forman el grupo de los eumetazoos o «auténticos animales». Se piensa que un reducido grupo de animales semejantes a las medusas, los ctenóforos, desarrollaron su propio sistema nervioso independiente al de los eumetazoos.

«ánima sensitiva» que constituye nuestro sistema nervioso es esencial para entender nuestra forma de estar en el mundo.

Con este último apunte, ya hemos llegado al final de la primera etapa del recorrido de la historia de tu cuerpo. Recapitulemos. Somos eucariotas, heterótrofos, pluricelulares y mantenemos una relación activa con nuestro medio. Procedemos de acontecimientos evolutivos trascendentales, primero la simbiosis eucariota que permitió tener mitocondrias y un metabolismo oxidativo. Luego, la adquisición de la pluricelularidad, un fenómeno excepcional en la historia de los seres vivos que nos dota de tejidos, órganos y sistemas. Y, por último, el desarrollo de un sistema nervioso que nos permite recopilar información de nuestro medio, procesarla y elaborar respuestas. Un apunte final. No se te debería escapar que todos estos acontecimientos fueron contingentes. Podrían no haber sucedido, pero sucedieron, y esto es lo que nos permite ser animales, estar aquí y poder contarlo.

Para saber más

- Boto, L., «¿Qué sabemos del origen de los eucariotas?», *eVolución: Boletín Electrónico de la SESBE*, vol. 14, n.º 1, págs. 5-10, 2018. https://digital.csic.es/handle/10261/161998
- Muñoz-Chápuli, R. «ARN, péptidos y el origen de la vida», *Naukas*, 2022. https://naukas.com/2022/07/07/
- Sebé Pedrós, A.; Degnan. B. M. y Ruiz Trillo I., «The origin of Metazoa: a unicellular perspective». *Nat Rev Genet*, vol. 18, n.º 8, págs. 498-512, 2017. Doi: 10.1038/nrg.2017.21

Lo primero es orientarse

Llegados a este punto, al mirarte al espejo deberías admitir que tu condición animal es extraordinaria, si tenemos en cuenta el contexto de la historia de los seres vivos. Si los organismos unicelulares pudieran razonar, pensarían que somos monstruos gigantescos y extraños que han invadido repentinamente su apacible mundo microscópico. Eso sí, se han aprovechado muy bien de nosotros. Solo en tu intestino puede haber tantas bacterias como el número de células que tienes en todo tu cuerpo (recuerda que se contaban entre 30 y 40 billones).

Asimismo, deberíamos reconocer otra particularidad de este insólito cuerpo animal. Tienes un extremo anterior (la cabeza) y otro posterior (ya sabes, lo que está en el extremo opuesto a la cabeza).[6] Estos extremos son muy diferentes entre sí, obviamente. También tienes una parte dorsal (la espalda) y otra ventral (el pecho y esa barriga con la que algunos no nos sentimos contentos).

---

[6] Nuestra posición bípeda, inusual entre los animales, podría confundirnos, así que vamos a dejarlo claro desde el principio. Tienes un eje anteroposterior, a lo largo del cuerpo, y uno dorsoventral. Podemos decir «miro hacia delante», pero siendo conscientes de que nuestros ojos están en posición ventral y por tanto si miro hacia delante lo hago en dirección ventral respecto a mi cuerpo.

Y tienes además un lado derecho y uno izquierdo. Curiosamente esos dos lados son muy parecidos; aunque, como veremos, no son idénticos ni mucho menos. ¿De dónde procede esta aparente simetría bilateral de tu cuerpo?

Ejes corporales

La historia de nuestros ejes corporales es fascinante y creo que te va a deparar algunas sorpresas. Para relatarla tenemos que regresar al mismo origen de los animales. Nos situamos en el mar, hace unos 700 millones de años. Unos protozoos, los coanoflagelados, obtenían su alimento creando corrientes de agua con sus largos flagelos. De esta forma retenían bacterias o partículas orgánicas en una especie de filtro en forma de collar, situado alrededor de la base del flagelo. Este sistema de alimentación puede que te recuerde al de las esponjas, cuyos coanocitos funcionan exactamente de la misma forma. Eso sí, las esponjas tienen otras células que desempeñan diversas funciones, como por ejemplo formar canales o secretar espículas defensivas. Ser animal es precisamente eso, que unas células obtengan alimento y otras se dediquen a otros menesteres en beneficio del conjunto, al tiempo que reciben su ración alimenticia. Que se lo pregunten a las células de tu intestino, que tienen que absorber alimento suficiente para mantener a todas las demás, empezando por el mayor consumidor de todos los órganos, tu cerebro.

Análisis moleculares han demostrado una estrecha relación de parentesco entre los coanoflagelados y las esponjas. Podemos asumir que el origen de las esponjas y, por tanto, el de los animales, está en los coanoflagelados. Un origen que muy probablemente se debió a la división de funciones entre los descendientes de una célula fundadora, como expliqué en el capítulo anterior.

Lo que nos interesa ahora saber es que las esponjas no tienen una simetría definida, dado que carecen de ejes corporales como los nuestros. Sin embargo, tampoco tienen sistema nervioso, por lo que las excluimos del grupo de los eumetazoos o «auténticos animales». Si dejamos a las esponjas y nos vamos a la base evolutiva de los eumetazoos, encontraremos a los cnidarios, esto es, los pólipos, corales y las dichosas medusas de nuestras playas. Estos ya son animales en toda regla. Cuentan con órganos sensoriales, un sistema nervioso y la posibilidad de capturar alimento gracias a sus células urticantes. Ahora nos fijaremos en la forma de su cuerpo (Figura 3). Podemos reconocer claramente un eje corporal, con la boca en un extremo. Este eje recibe el nombre de oral-aboral (ab-oral, que significa contrario a la posición de la boca). Sin embargo, no tienen parte anterior ni posterior, no hay derecha ni izquierda como en tu cuerpo. Sí que podemos intuir una serie de planos que dividen su cuerpo en dos partes aproximadamente iguales y que se cortan en el eje oral-aboral. Seis planos en unos grupos de cnidarios y ocho en otros. Decimos que su simetría es radial debido a esta disposición de los planos.

Más allá de pólipos y medusas[7] vamos a encontrar animales que sí tienen un extremo anterior (en el que hallamos normalmente la boca) y uno posterior (en el que se sitúa el ano, convenientemente alejado de la boca). Además, en estos animales podemos distinguir una parte ventral, dirigida hacia el sustrato, y una dorsal. Y, por supuesto, un plano de simetría que divide al cuerpo en

---

[7]   Estamos dejando de lado a los fascinantes ctenóforos, superficialmente parecidos a las medusas y que también tienen simetría radial. Se cree que son una radiación muy primitiva de animales, independiente de los eumetazoos.

una mitad derecha y una izquierda. Todos estos animales, desde nuestro amigo el diminuto *Caenorhabditis* hasta nosotros mismos, pasando por los escarabajos, los calamares o los peces, responden a esta organización, que es la de los animales bilaterales.[8]

¿Cómo se originó esta organización corporal común a todos los animales bilaterales? Volvamos a las medusas y los pólipos. Estos últimos viven fijos a un sustrato. Esto significa que para ellos solo existen dos direcciones relevantes, hacia arriba, donde pueden capturar el alimento con sus tentáculos, y hacia abajo, la zona por la que están adheridos a algo sólido. Todas las demás direcciones son más o menos lo mismo, puede aparecer un enemigo por cualquier flanco. Por ello, el pólipo no tiene mayor interés en unos lados que en otros. Lo mismo pasa con las medusas, hay un «hacia arriba», donde está la superficie del mar, y un «hacia abajo», donde se localizan los tentáculos, la boca y las presas. Todo lo que hay a su alrededor tiene escaso interés para ellas.

No obstante, los organismos bilaterales ancestrales no permanecieron inmóviles, ni flotaron libremente en el agua. Se desplazaron por el sustrato. Se movieron en una dirección determinada. Y ahí encontramos la clave, en esa forma de moverse. Desde el momento que un organismo se arrastra por el suelo se establece una diferencia esencial entre su extremo anterior, que es el que va explorando su medio, y el posterior. Si tuvieras que diseñar un animal móvil, ¿dónde colocarías los órganos de los sentidos, los principales centros nerviosos? Exacto, en la parte del cuerpo que tropieza con lo nuevo. ¿Dónde pondrías la boca? En la parte del cuerpo que más probablemente va a entrar en contacto con

---

[8] Los equinodermos (erizos, estrellas de mar y sus parientes) perdieron la organización bilateral en su origen y retomaron una organización radial, generalmente con cinco planos de simetría. De hecho, sus larvas son bilaterales y adquieren la simetría radial durante la metamorfosis.

el alimento. ¿Dónde situarías el ano? Obviamente en lo que vamos dejando detrás y no nos interesa. Estamos hablando del establecimiento de una cabeza en la parte más anterior del cuerpo. Los animales bilaterales van a estar cefalizados, salvo que retornen a una forma de vida sésil o poco móvil.

Pero hay más. Desplazarse sobre un sustrato implica establecer una diferencia entre la parte del cuerpo que toca la superficie sólida y la parte contraria. Nos referimos al vientre y al dorso del animal. Por tanto, a la hora de diseñar nuestro bilateral primitivo debemos establecer diferencias claras entre su parte anterior y posterior, pero también entre la dorsal y la ventral. Cualquier mecanismo que posibilite el movimiento deberá localizarse en la parte ventral, mientras que las defensas —por ejemplo, caparazones o espinas— estarán más convenientemente dispuestas en su dorso.

¿Y qué pasa con la parte derecha y la izquierda? Pues que tienen un interés similar para nuestro animal bilateral. Para él es tan importante un lado como otro. Por tanto, por cuestiones de economía, lo más fácil es construir las dos mitades iguales. La simetría bilateral de la gran mayoría de los animales y de tu propio cuerpo no es más que la consecuencia de una forma concreta de desplazamiento que determina los ejes anteroposterior y dorsoventral. Podríamos decir que tu simetría derecha-izquierda no es más que un efecto colateral de la forma en que se movían tus ancestros más lejanos.

Tu cuerpo está del revés

¿Ves lo fácil que ha sido orientar tu cuerpo? Pues no, no es tan fácil y ahora viene lo sorprendente. Piensa en el dorso de una mosca o un calamar, y en tu espalda. De acuerdo con lo que hemos dicho, deberían ser partes del cuerpo equivalentes, ¿no? Pues no lo son. Todo lo contrario.

A principios del siglo XIX, un naturalista francés, Geoffroy Saint-Hilaire (1772-1844), catedrático del Museo de Historia Natural de París, afirmó que todos los animales, sin excepción, respondían a variaciones sobre un mismo plan de organización. Su rival en el museo, el célebre Georges Cuvier (1769-1832), rechazó esta idea, al sostener que existían al menos cuatro planes estructurales de organización entre los animales. Uno de los problemas que tenía Saint-Hilaire era explicar por qué unos animales como los insectos, los moluscos o los gusanos tienen el corazón en su parte dorsal, mientras que otros, por ejemplo, los vertebrados, tenemos el corazón en la parte ventral del cuerpo. Ahí es donde lo sientes latir, justo a la izquierda del esternón. Con el sistema nervioso pasaba lo contrario. Los insectos, los moluscos y los gusanos tienen cordones nerviosos ventrales mientras que los vertebrados poseemos una médula espinal que recorre nuestra espalda. La solución de Saint-Hilaire fue de lo más original. Sostuvo que los vertebrados eran invertebrados... puestos al revés. Cuvier y muchos otros naturalistas ridiculizaron esta idea, y el pobre Saint-Hilaire murió sin saber... ¡que tenía razón!

Los vertebrados somos invertebrados puestos al revés. Para ser más exactos, los vertebrados tenemos el eje dorsoventral invertido en comparación con la mayoría de los animales. Pásate la mano por la barriga. Estás acariciando la región equivalente a la espalda de un escarabajo o de un caracol. Para explicar por qué pasa esto tenemos que volver al origen de los animales bilaterales y detenernos en el origen de algo muy importante y que usamos continuamente: nuestra boca.

Hemos visto que las medusas y los pólipos tienen la boca en el extremo oral del eje oral-aboral, el eje donde se cortan los planos de la simetría radial. Vamos a profundizar un poco en esto y hablar de lo que el gran biólogo británico Lewis Wolpert (1929-2021), uno de los más importantes del siglo XX, definió como «el momento más importante de nuestra vida». No, no es el día que acabamos la carrera, encontramos trabajo o tenemos hijos. Según Wolpert, ese momento trascendental de nuestra existencia se llama «gastrulación» (Figura 3). Seguro que no fuiste consciente de ello. Ocurrió cuando tu madre solo llevaba tres semanas embarazada de ti.

Pensemos en el origen de los animales de forma abstracta. Un animal primitivo consiste en un conjunto de células que se relacionan entre sí y se reparten el trabajo. Algunas de estas células se encargan de formar la estructura, otras de obtener el alimento, y otras de producir óvulos y espermatozoides para la reproducción. Para este conjunto celular lo más importante es lo que sucede en su superficie, de allí procede su alimento, pero también se pueden originar las amenazas. En un momento muy primitivo de la evolución de los animales se generó un cambio de diseño radical con el fin de mejorar su estructura. Estos ancestros lejanos se debieron de preguntar: ¿por qué todas nuestras células tienen que estar pendientes de lo que sucede ahí fuera? ¡Organicémonos! Las células que se encargan de absorber el alimento tienen que estar dentro del cuerpo y las que se relacionan con el medio ambiente deben permanecer fuera. Eso sí, para que este diseño funcione tenemos que formar una cavidad digestiva en nuestro interior. Así podemos incorporar el alimento a través de un orificio al que llamaremos... ¿boca? Sí, buena idea.

Seguro que eres lo suficientemente sagaz como para haber advertido que este diseño con cavidad digestiva y boca es justo el

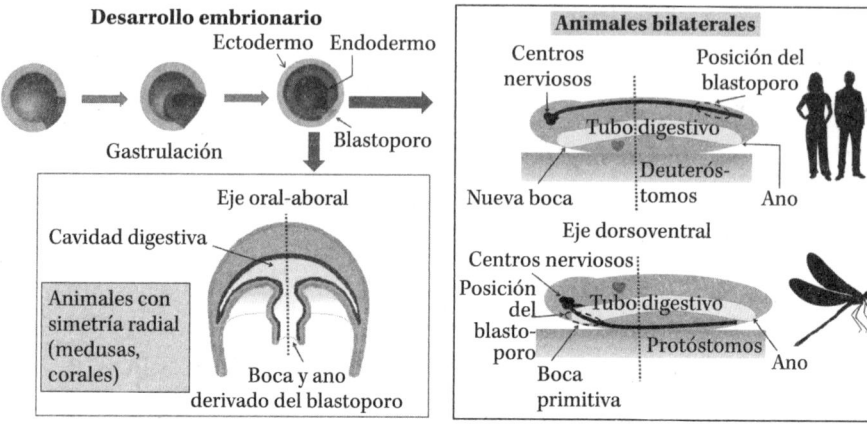

Figura 3. El desarrollo embrionario de todos los animales (excepto las esponjas y los placozoos) incluye una gastrulación, es decir, la formación de una cavidad digestiva comunicada con el exterior por un blastoporo. Los cnidarios (medusas y pólipos) mantienen esta organización en el estado adulto. Los animales bilaterales adquieren un eje anteroposterior a causa de su movimiento en una dirección determinada. Los centros nerviosos y los órganos sensoriales se localizan en el extremo anterior del cuerpo (la cabeza). También presentan un eje dorsoventral, pero es diferente en los protóstomos (la mayoría de los animales) y en los deuteróstomos (vertebrados y algunos grupos de invertebrados), por la diferente posición de la boca. En los protóstomos se forma a partir del blastoporo, pero en los deuteróstomos la boca es nueva y se localiza en el lado contrario al blastoporo. Esto conlleva que el sistema nervioso y el corazón aparezcan invertidos en estos dos grupos de animales.

de las medusas y los pólipos. Y esta sencilla organización se adquiere durante el desarrollo embrionario de todos los Eumetazoos. Un grupo de células (el endodermo) migra hacia el interior del embrión, y rodea una cavidad (la futura cavidad digestiva) que permanece abierta al exterior por un orificio llamado blastoporo. Este blastoporo embrionario, en principio, está destinado a convertirse en la boca del animal adulto.

Otro conjunto de células embrionarias (el ectodermo) permanece en el exterior y es importante decir que no solo funcionará como revestimiento corporal, sino que dará lugar a las células nerviosas. Recuerda que el sistema nervioso se encarga de la relación con el exterior, de la captura de información y de la elaboración de las respuestas. Asimismo, el sistema nervioso existe en todos los eumetazoos, los animales más genuinos. Ahora comprendemos que lo que hace especiales a los eumetazoos es la existencia de un proceso de gastrulación en su desarrollo embrionario (¡cuánta razón tenías, Wolpert!). Todos los animales, salvo las esponjas y los placozoos, gastrulan. En todos los animales, incluidos nosotros, el revestimiento del sistema digestivo y los órganos como el hígado o el páncreas derivan del endodermo. Por otro lado, la capa superficial de la piel y el sistema nervioso siempre derivan del ectodermo embrionario. Sí, esto también es sorprendente, tu sofisticado cerebro comparte un parentesco celular con tu modesta epidermis.

De acuerdo, me dirás, ya tenemos sistema digestivo, piel y neuronas. Pero ¿y todo lo demás? Pues lo demás, músculos, huesos, vasos, sangre, deriva de una tercera capa de células que únicamente aparece en el desarrollo embrionario de los animales bilaterales. Esa capa se intercala entre el ectodermo y el endodermo del embrión y, como no puede ser de otra forma, la llamamos mesodermo.

Ya podemos retomar la cuestión de por qué tu eje dorsoventral está invertido con respecto al de la mayor parte de los invertebrados. Recuerda que el origen de la bilateralidad está relacionado con un cambio en la forma de moverse por el medio. El movimiento sobre un sustrato en una dirección determinada genera los ejes anteroposterior, dorsoventral y, en consecuencia, el eje derecha-izquierda. La boca se localiza en el extremo anterior del cuerpo y el ano en el extremo posterior. Hasta aquí todo correcto.

Cuando hablamos de las medusas y los corales no mencionamos ningún ano, solo la boca que, como ya se ha explicado anteriormente, en principio deriva del blastoporo embrionario. En efecto, el orificio de estos animales funciona tanto para ingresar el alimento en su cavidad digestiva como para expulsar sus desechos. Es boca y ano a la vez, aunque esta no sea una idea muy atractiva.

La transición hacia una organización bilateral implica que esa cavidad digestiva con un solo orificio multiuso se tiene que transformar en un tubo digestivo, con orificio de entrada y de salida. En principio esto parece simple, basta con abrir un orificio en el extremo contrario a la boca y asunto resuelto. La inmensa mayoría de los animales bilaterales optó por esta solución, es decir, mantener el blastoporo embrionario como boca adulta y adquirir un orificio de salida en el otro extremo del cuerpo. A estos animales que son mayoritarios los llamamos protóstomos (*prōto*: 'primera'; *stóma*: 'boca'). Protóstomos son los artrópodos, anélidos, moluscos y muchos grupos de invertebrados más.

Otro grupo de animales llevó a cabo algo más original. En su embrión se desarrolló un nuevo orificio abierto en la cavidad digestiva. Es decir, apareció una nueva boca. El blastoporo se utiliza como ano o bien (y este es el caso de los vertebrados) se cierra, con lo que tiene que desarrollarse un ano nuevo para completar el tubo digestivo. Estos animales se denominan deuteróstomos (*deuteros*: 'secundario' o 'segundo'; *stóma*: 'boca'). Nosotros, los vertebrados, y unos cuantos invertebrados como, por ejemplo, los equinodermos, somos deuteróstomos, descendemos de ese estrafalario ancestro que se inventó una nueva boca.

Ahora ya estamos en condiciones de saber por qué Geoffroy Saint-Hilaire tuvo aquella genial intuición de considerar a los vertebrados como invertebrados al revés. La solución al enigma es que lo que consideramos ventral lo determina la posición de la boca. Sin embargo, la boca de los deuteróstomos no es equivalente a la de los protóstomos, y de hecho se forma en una parte diferente del cuerpo. Tu boca no tiene nada que ver con la de los insectos o los moluscos, ni siquiera con la boca/ano de las medusas. Tócate la rabadilla, justo al final de la columna vertebral. Ahí estuvo en algún momento de tu desarrollo embrionario la región que equivale al blastoporo antes de cerrarse. Por tanto, esa es la región correspondiente a la boca de los protóstomos. Justo al final de tu espalda.

En realidad, el corazón y el sistema nervioso están en el mismo sitio en todos los animales bilaterales. Su posición no ha cambiado nunca y responde al plan general de los animales que propuso Saint-Hilaire. Esto se ha confirmado mediante el estudio de los genes que regulan el desarrollo cardiaco y nervioso. Lo que no está en el mismo sitio es la boca, y como llamamos ventral a ese sitio, lo que es dorsal y ventral está invertido en los protóstomos y en los deuteróstomos. ¡Una consecuencia curiosa es que lo que se considera izquierda y derecha también está invertido! Solo el eje anteroposterior se mantiene constante en todos los animales salvo que lo pierdan en el curso de su evolución, como es el caso de los erizos y de las estrellas de mar.

Pues bien, hemos comenzado por orientar nuestro cuerpo animal y ya nos hemos llevado algunas sorpresas. Sin embargo, esto no ha hecho más que empezar.

Para saber más

La gastrulación en humanos:

- López-Sánchez, C.; García-López, V.; Mijares, J.; Domínguez, J. A.; Sánchez-Margallo, F. M.; Álvarez-Miguel, S. y García-Martínez V., «Gastrulación: proceso clave en la formación de un nuevo organismo», *Rev Asoc Est Biol Rep*, vol. 18 n.º 1, págs. 29-41, 2013. https://revista.asebir.com/gastrulacion-proceso-clave-en-la-formacion-de-un-nuevo-organismo/

Un clásico:

- De Robertis, E. M. y Sasai Y., «A common plan for dorsoventral patterning in Bilateria», *Nature*, vol. 380, n.º 6569, págs. 37-40, 1996. Doi: 10.1038/380037a0

La historia de una cabeza

Me encanta *La flauta mágica* de Mozart. Si hay algo mágico en esta ópera, además de la flauta, por supuesto, es el número tres. Este número está tan presente en la obra que prácticamente es uno de los protagonistas principales. La obertura comienza con tres acordes mayores. Tres son las damas, los niños, los sacerdotes y los templos que aparecen en escena. El protagonista, Tamino, debe someterse a tres pruebas... De hecho, esta atracción por el número tres aparece con frecuencia en las mitologías, las religiones y las filosofías. Y el número tres también es clave para entender de qué forma se organiza tu cabeza.

La importancia del número tres

Recuerda el concepto que explicamos en el capítulo anterior. Tener una cabeza como la nuestra no es más que la consecuencia de desplazarse en una dirección determinada. Esta forma de moverse implica que los órganos sensoriales y los centros nerviosos asociados se encuentran preferentemente en el extremo anterior del cuerpo, al que llamamos cabeza. Esto se aprecia en todos los animales bilaterales y móviles, insectos, gusanos o caracoles. Por tanto, la organización de la cabeza dependerá de qué sistemas sensoriales y de qué centros nerviosos se desarrollen en esta.

En nuestro caso, el de los vertebrados, los sistemas sensoriales originales se reducían a tres, asociados a tres regiones del tubo nervioso. Lo sé, siempre has oído hablar de los cinco sentidos, pero en realidad los sentidos que nos proporcionan la mayor parte de la información que necesitamos para manejarnos son solo tres.[9] Estos tres sentidos, ordenados de más anterior a más posterior, consisten en:

- Un sistema detector de sustancias químicas. Un auténtico laboratorio de análisis ambiental que detecta moléculas y envía a los centros nerviosos diferentes señales en función de la molécula detectada. Sí, me refiero a nuestro olfato.
- Un sistema visual, que genera una imagen de nuestro entorno aprovechando determinadas longitudes de onda de la radiación electromagnética (las que llamamos luz visible). Hablo, por supuesto, de la vista.
- Un sistema mucho más complejo, ya que no proporciona un único tipo de información, como los anteriores. Su estructura receptora básica son los neuromastos, grupos de células ciliadas que se encuentran en la superficie del cuerpo de los peces. Las células de los neuromastos están en contacto directo con el exterior, y cualquier movimiento del agua desencadena en ellos un impulso nervioso. Los neuromastos sirven para detectar movimientos en el

---

[9] Los otros dos sentidos, gusto y tacto, aportan al cerebro mucho menos volumen de información. De hecho, la mayor parte de lo que llamamos «gusto» se adquiere a través del olfato.

líquido que rodea al pez. Seguro que te estás preguntando: ¿qué tiene que ver esto conmigo, que no soy un pez ni vivo en el agua? Pues mucho, ya que tú también tienes células muy parecidas a las de los neuromastos y que comparten con ellos un mismo origen evolutivo. Están en tu oído interno, bañadas en líquido, y te proporcionan información sobre tu posición, tu movimiento y las vibraciones del aire que te rodea, es decir, los sonidos.

Como ya hemos comentado, la información que generan estos tres sistemas sensoriales se integraba en sus orígenes en tres zonas concretas de los centros nerviosos cefálicos. Aunque esto cambia mucho en los mamíferos, sobre todo en los humanos, al principio de tu desarrollo embrionario todavía pueden reconocerse esas tres zonas concretas del sistema nervioso relacionadas con los tres sistemas sensoriales (Figura 4). Las denominamos encéfalo anterior (prosencéfalo), medio (mesencéfalo) y posterior (rombencéfalo). ¿Te das cuenta de la importancia del número tres en la organización de la cabeza?

Placodas y cresta neural, las células multiusos

Antes de seguir con tus tres grandes sistemas sensoriales debo hacer un inciso y presentarte dos nuevos conceptos, muy importantes para entender lo que viene a continuación. Se trata de las placodas y de la cresta neural.

Las placodas son células de la epidermis embrionaria de los vertebrados que están implicadas en el desarrollo de los órganos sensoriales. Son capaces de producir receptores que responden

1. FORMACIÓN DE LAS PLACODAS

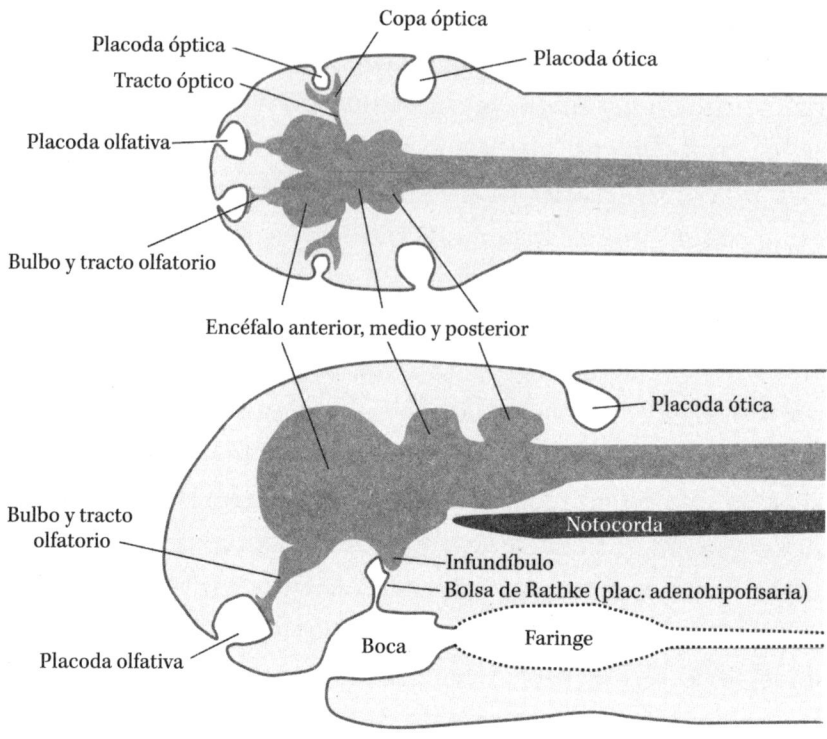

2. ÓRGANOS DE LOS SENTIDOS

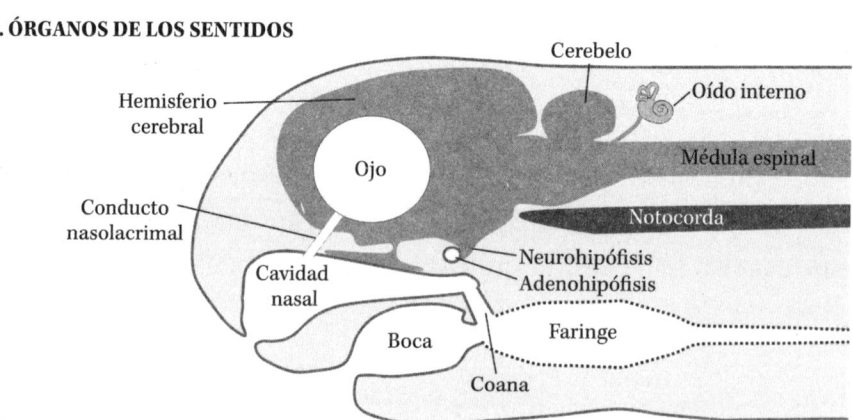

a diferentes estímulos, además de neuronas que transmiten la información y células auxiliares de muy diferentes tipos. Las placodas producen los neuromastos de la superficie del pez, las células sensoriales de tu oído interno, tu epitelio olfativo y el cristalino de tus ojos.

La cresta neural es otra de las grandes maravillas que tenemos los vertebrados en exclusiva y a la que debemos muchos de nuestros avances evolutivos. Recordarás que en el capítulo anterior dijimos que el sistema nervioso se forma en el embrión a partir del ectodermo, y comparte su origen con la epidermis. Sin embargo, tanto tu cerebro como tu médula espinal están muy metidos dentro del cuerpo, protegidos por el cráneo y la columna vertebral. Esto se debe a que, en un momento del desarrollo, una parte del ectodermo dorsal se invagina, penetra en el interior y forma un tubo, el llamado tubo neural, precursor del cerebro y de la médula espinal. Pues bien, las células del borde lateral de este ectodermo neural ni se incorporan

Figura 4. La organización de nuestra cabeza se basa en tres sistemas sensoriales (olfato, vista y oído/equilibrio/aceleración) que se desarrollan a partir de tres pares de placodas, porciones del ectodermo que se invaginan y contactan con proyecciones del encéfalo. Son las placodas olfatorias, ópticas y óticas. A su vez, en el encéfalo se distinguen tres regiones, anterior, media y posterior, asociadas cada una de ellas a un par de placodas. En la figura superior (formación de las placodas) se muestran estas estructuras en vista dorsal (arriba) y lateral (abajo) en una fase temprana del desarrollo. Una séptima placoda, la adenohipofisaria, se forma a partir del epitelio dorsal de la boca y contacta con el infundíbulo, una proyección ventral del encéfalo anterior. De la notocorda nos ocuparemos más tarde, cuando tratemos la columna vertebral. En la figura inferior (órganos de los sentidos) vemos un momento posterior del desarrollo embrionario. El encéfalo anterior se ha desarrollado mucho y forma los hemisferios cerebrales, mientras que el encéfalo medio ha quedado muy reducido. El cerebelo se desarrolla en el encéfalo posterior e integra la información de posición y movimiento procedente del oído interno. Las cavidades nasales desembocan en el exterior, en la cuenca orbitaria (conducto nasolacrimal) y en la faringe (coana). El epitelio faríngeo es endodérmico, y se representa con una línea discontinua.

al tubo ni se quedan en la superficie del cuerpo. Lo que hacen es migrar por todo el cuerpo y dan lugar a muchísimas cosas de lo más importantes y variadas. Entre otras funciones participarán en el desarrollo de los órganos de los sentidos, el sistema nervioso autónomo, los cartílagos branquiales, los huesos, los dientes, los melanocitos y parte del sistema endocrino. Quizá no habías oído nunca hablar de estas células viajeras y multifuncionales, pero tu cuerpo les debe mucho. En los próximos capítulos seguirán apareciendo.

Un laboratorio de análisis químico en tu nariz

En el extremo anterior del embrión de todos los vertebrados el ectodermo se invagina y se forman dos bolsitas, las llamadas placodas olfatorias. A partir de su epitelio se diferencian varios tipos de células, entre ellas las secretoras de mucus. Pero las que más nos interesan son las neuronas olfativas, capaces de generar impulsos nerviosos cuando detectan determinadas moléculas. Al tiempo que se desarrollan las placodas, la parte más anterior del encéfalo, el proséncefalo, forma los bulbos olfatorios que crecen hasta ponerse en contacto con las placodas. A través de estos bulbos se recibe la información olfativa.

Los seres humanos no tenemos demasiada sensibilidad olfativa, pero los mamíferos, en particular, son auténticos especialistas en este tema. Para nosotros es difícil imaginar el mundo de los olores en el que se desenvuelven los perros, por citar un ejemplo. Sin embargo, una de las características más llamativas de tu cuerpo se debe a esta especialización de los mamíferos en la recopilación de información olfativa. El encéfalo anterior, encargado de integrar esta información, crece de forma desmesurada en los mamíferos.

Este es el origen de los hemisferios cerebrales, tan desarrollados en los mamíferos que terminan por «robar» a zonas posteriores del encéfalo la mayor parte de la información sensorial, incluida la visual y la auditiva. La integración de tanta información es posible gracias a la corteza de los hemisferios cerebrales, que en los mamíferos se conoce como neocórtex. En tu neocórtex es en donde residen tus capacidades cognitivas, el sustrato en el que se generan tus razonamientos, tus decisiones y tu lenguaje.

La importancia original del olfato en los mamíferos es probablemente el estímulo evolutivo debido al cual tus hemisferios cerebrales han desarrollado un neocórtex, la parte más importante de tu sistema nervioso. Probablemente, dicha importancia se adquirió durante los más de 150 millones de años en los que convivieron los mamíferos con los dinosaurios, a lo largo de la era secundaria. Los mamíferos de este periodo eran criaturas muy pequeñas, seguramente nocturnas e insectívoras, ya que de día no podían competir con los grandes y rápidos dinosaurios carnívoros. El olfato debió de convertirse en la principal fuente de información sensorial, mucho más importante que la vista o el oído. Así que recuerda, le debemos mucho a esta época oscura (nunca mejor dicho) de los mamíferos.

Otra curiosidad más, que seguramente no se te ha ocurrido. Los sacos olfatorios en los peces necesitan una corriente de agua que puedan analizar. Los tiburones y las rayas tienen una especie de pliegue que divide el orificio nasal en dos porciones, para facilitar la entrada y la salida de agua. Los peces óseos, de los que derivaron los anfibios, tienen dos orificios en cada cavidad nasal, cuatro en total. ¿Y tú? ¿Con cuántos orificios cuentan tus cavidades nasales en total? ¿Dos? ¡Te equivocas! ¿Tal vez cuatro como tus antepasados peces? Caliente, pero no has acertado.

Tus dos cavidades nasales tienen seis aberturas en total. Cuatro de ellas tienen el mismo origen que las de nuestros antepasados los peces. Sí, dos agujeros son muy evidentes, bajo tu nariz, pero ¿dónde están los otros dos? Pues nada más ni nada menos que más arriba, en las cuencas de los ojos. Son los conductos nasolacrimales. Y tienen una bonita historia.

Cuando los primeros anfibios dieron sus primeros pasos por la tierra firme, un medio extraño y hostil para los vertebrados hasta aquel entonces, tuvieron que solucionar muchísimos problemas. Esto lo veremos poco a poco, ya que muchas de las soluciones que se hallaron todavía se pueden ver en la organización de tu cuerpo. Una necesidad importante fue mantener los ojos húmedos, para evitar su desecación en el aire. La solución, un tanto improvisada, consistió en migrar un orificio nasal a la cuenca orbitaria, de forma que las secreciones nasales se vertieran en ella e hidrataran el ojo. Más tarde el ojo desarrolló sus propias glándulas lacrimales, mucho más eficientes que la chapuza provisional que se había hecho. Eso sí, la conexión se mantuvo para drenar el exceso de lágrimas (excepto cuando lloramos de pena o, mejor, de risa) y evitar que se desbordaran. Esa conexión es tu conducto nasolacrimal.

Seguro que te preguntas... ¿Y dónde están los dos orificios que faltan hasta llegar a seis? Muy fácil. ¿Verdad que la mayor parte del tiempo respiras por la nariz? Se considera que esto también fue una innovación de un grupo de peces ya extintos, concretamente los antepasados de los primeros anfibios, que vivieron en el periodo Devónico.[10] Se trataba de grandes depredadores que acechaban a sus presas. Para que su olfato fuera más efectivo desarrollaron una conexión entre sus cavidades nasales y su faringe. Esto les permitía aspirar agua por los orificios nasales, olfatear la presencia de presas

---

[10] Si tienes curiosidad, se llaman ripidistios y son los únicos peces con auténticas coanas.

y, además, crear una corriente de agua a través de las branquias. Cuando aparecieron los primeros anfibios aprovecharon esta misma comunicación para aspirar aire a través de la nariz y mandarlo a los pulmones sin tener que estar con la boca abierta todo el rato. Estos orificios de las cavidades nasales se llaman «coanas», y son las que te permiten respirar por la nariz. Puedes verlas en la Figura 4.

La vista, un milagro de la evolución

El siguiente sistema sensorial permite la visión. Poder ver lo que nos rodea es un auténtico milagro. Pensemos en la inmensa mayoría de los seres vivos, los microbios, las algas, las plantas, los hongos... Reciben información del medio que los rodea, pero no pueden conocer ese medio de la misma forma que nosotros porque son incapaces de verlo. Ver es ser capaz de obtener una imagen del entorno. Incluso entre los animales, los que pueden ver constituyen una excepción. Muchos de ellos tienen receptores sensibles a la luz, y utilizan esta sensibilidad para moverse o esconderse, hasta para crear imágenes rudimentarias de luces y sombras. Pero los únicos privilegiados que tienen una auténtica capacidad visual entre los seres vivos son algunos moluscos, sobre todo los cefalópodos (calamares y pulpos), buena parte de los artrópodos (insectos y crustáceos) y nosotros, los vertebrados.

Los ojos de todos los vertebrados comparten un mismo plan estructural y un complejo desarrollo.[11] A ambos lados de la cabeza del embrión, se forman dos placodas que se invaginan y dan lugar

---

[11] Hay una única excepción: los mixines, un grupo muy primitivo de peces sin mandíbulas, que no tienen cristalino en los ojos. Puede ser porque lo perdieron sus antepasados o más probablemente porque su ojo es más rudimentario que el de los demás vertebrados.

a una especie de pelotas de células que se volverán transparentes. Son los cristalinos. Al mismo tiempo, la parte anterior del encéfalo desarrolla unas proyecciones en forma de copa que envuelven a estos cristalinos. La hoja interna de esta copa óptica formará la retina, y sobre ella se proyectará la imagen generada por el cristalino. El margen de la hoja externa (el borde de la copa) dará lugar al iris y el tallo de la copa constituirá el nervio óptico,[12] que en la mayoría de los vertebrados lleva la información visual al mesencéfalo o cerebro medio. Pero recuerda que en los mamíferos es diferente, los hemisferios cerebrales capturan la información visual, ya que, como expliqué anteriormente, han centralizado casi toda la información sensorial. Por eso tu cerebro medio es muy pequeño y realiza pocas funciones. Para terminar de formar el ojo solo falta proporcionar la estructura externa del globo ocular, que en buena medida está formada por la cresta neural que ya he comentado.

El ojo funcionó muy bien desde el principio de la evolución de los vertebrados y por eso los tuyos no son muy diferentes de los que tienen los peces. Así que tus ojos humanos no tienen mucha historia. Eso sí, hay un cambio estructural importante cuando se produce el salto de los vertebrados al medio terrestre. Si has tenido la ocasión de ver el cristalino del ojo de un pescado, cocido o frito, verás que forma una esfera casi perfecta. En cambio, sabemos que nuestro cristalino tiene el aspecto de una lente biconvexa. Esto se debe a que la luz, cuando pasa del agua a la córnea de los peces, apenas sufre desviaciones. Para formar la imagen se hace necesaria una lente muy curva, es decir, casi una esfera. En cambio, si la luz pasa del aire a un medio más denso, como es la

---

[12] Para ser rigurosos, ni el nervio óptico ni el olfatorio deben considerarse nervios, ya que conectan regiones del sistema nervioso central. Por esto es más correcto hablar de tracto olfatorio y tracto óptico.

córnea, se refracta, y basta una lente fina para terminar de enfocar la imagen sobre la retina. Por esta razón, cuando buceamos sin gafas lo vemos todo borroso. Además, nosotros podemos enfocar la imagen variando la curvatura de la lente, sin embargo, los peces no pueden hacerlo. Ellos desplazan el cristalino, lo alejan y lo acercan a la retina para enfocar. ¡Exactamente lo mismo que hace el objetivo de una cámara de fotos!

Para acabar, una curiosidad. Tal vez pienses que cuando la luz llega a tu retina incide directamente sobre la capa de los conos y los bastones. Sería lo lógico ¿no? Pues no es así. La luz empieza atravesando la capa de fibras del nervio óptico, después dos capas de neuronas y solo entonces llega a los conos y los bastones. Es como si la retina estuviera puesta al revés, no mirando hacia la luz, sino en sentido contrario, hacia el interior de la cabeza. Se cree que esto se debe a que en los antepasados remotos de los vertebrados los fotorreceptores se encontraban en la base del encéfalo y recibían la luz desde la parte superior de la cabeza. Cuando se desarrollaron los ojos y esa base del encéfalo se proyectó hacia fuera y hacia los lados para formar la copa óptica, los fotorreceptores se quedaron mirando hacia dentro, en dirección contraria a la nueva entrada de la luz. De todas formas, el sistema funciona a la perfección, así que esta pequeña rareza no debe preocuparte demasiado.

El oído no estaba pensado para que oyeras

Llegamos al tercer sistema sensorial, situado en la parte posterior de la cabeza. Para explicarlo tenemos que recordar a los neuromastos, esos grupos de células ciliadas que los peces tienen en la superficie de su cuerpo y que les informan del movimiento del agua.

Evidentemente nosotros no tenemos neuromastos, ya que no vivimos en el agua, pero sí algo muy parecido y muy importante.

En el desarrollo de todos los vertebrados se produce una invaginación de la epidermis a ambos lados de la parte posterior de la cabeza. Es el tercer par de placodas, las placodas óticas. Forman una especie de vesícula que se pliega de manera complicada y termina formando el oído interno, un saquito conectado a tres canales semicirculares. En el interior de esta estructura membranosa existen múltiples células ciliadas en contacto con un líquido acuoso llamado endolinfa. De manera que, cuando tu cuerpo sufre una aceleración o una rotación, y también cuando cambia de posición, las células envían un estímulo a varios centros nerviosos, entre ellos el cerebelo. Esta parte del encéfalo posterior es importante para mantener el equilibrio, coordinar los movimientos y, en general, integrar la información del oído interno con las respuestas motoras. De hecho, el cerebelo y los hemisferios cerebrales del prosencéfalo son las principales regiones del encéfalo de los mamíferos.

Observa que el oído interno no tiene nada que ver en su origen evolutivo con la audición. La función de detectar sonidos solo se vuelve verdaderamente importante en los anfibios porque el sonido se transmite mejor en el aire que en el agua, aunque lo haga más lentamente. Las vibraciones del aire se convierten así en una importante fuente de información para los vertebrados terrestres, como lo eran las vibraciones del agua para los peces. Ya no podemos tener células ciliadas en la superficie del cuerpo, expuestas al aire y la desecación. Entonces, ¿dónde seguimos teniendo células sensibles a vibraciones? En el oído interno. Pero ¿en qué lugar tenemos el oído interno? En lo más profundo del cráneo, bien protegido por una cubierta de hueso. En realidad, ¡es el peor sitio para detectar movimientos en el aire, es decir, sonidos!

La solución a este problema, otro asombroso ejemplo de bricolaje evolutivo, consiste en colocar un hueso entre el oído interno y el tímpano, una membrana elástica que en anfibios y reptiles se encuentra en la superficie de la cabeza, justo detrás del ojo. Este hueso es la columela, que en los mamíferos se acorta y se conoce como estribo. El origen de la columela es de lo más curioso. Se trata de un hueso reciclado del esqueleto branquial, pero esto te lo contaré más tarde, cuando tratemos la herencia que ha recibido tu cuerpo de las branquias de los peces. Entonces sabrás por qué entre tu tímpano y el oído interno no hay un hueso como en los anfibios y los reptiles, sino tres (estribo, yunque, martillo), todos ellos derivados del esqueleto branquial ancestral y comunicados con la faringe por un conducto (la trompa de Eustaquio), que también tiene un origen branquial.

En todos estos casos, las vibraciones que el sonido produce en el tímpano se transmiten al oído interno y provocan vibraciones en la endolinfa de una porción especializada que en los mamíferos forma la cóclea o el caracol. Su detección por las células ciliadas produce las sensaciones auditivas que se integran en los hemisferios cerebrales. De esta forma un antiquísimo sistema de detección de movimientos en el medio acuático acabó proporcionándote la capacidad de oír.

La séptima placoda

Además de los tres pares de placodas sensoriales que hemos visto,[13] en tu embrión se formó una placoda impar que será importantísima en tu vida y que tiene una historia fascinante. Se

---

[13] Hay otras placodas que dan lugar a ganglios nerviosos y que no vamos a tratar aquí.

trata de tu adenohipófisis, la glándula endocrina que controla otras glándulas como las adrenales, la tiroides y las gónadas, además del crecimiento y la lactancia. ¿Es posible que exista una relación entre esta superglándula endocrina y las placodas sensoriales? Pues sí, de hecho, la hay.

La adenohipófisis de todos los vertebrados se origina a partir de la parte más dorsal del epitelio bucal embrionario, que es ectodérmico. Allí se produce una invaginación que contacta con una proyección ventral del encéfalo anterior (si te interesan los nombres, bolsa de Rathke e infundíbulo, respectivamente). Ten en cuenta que este proceso reproduce el mismo tema que en el caso de los sacos olfatorios y los ojos, invaginación ectodérmica y proyección del encéfalo. La parte ectodérmica será la adenohipófisis y del infundíbulo se diferenciará la neurohipófisis, donde se almacena la hormona antidiurética y la oxitocina. Más allá del infundíbulo se desarrollan áreas cerebrales importantes para regular tu fisiología, pero no nos ocuparemos de ellas por ahora.

¿Qué sentido tiene que una importantísima glándula endocrina se desarrolle a partir de tu epitelio bucal embrionario? Se cree que, en los antepasados de los vertebrados, un sistema sensorial muy ligado al olfatorio analizaba el agua que circulaba por la cavidad bucal para detectar señales químicas relacionadas con la reproducción. En los organismos marinos suele ser importante que la liberación de óvulos y espermatozoides esté sincronizada para que sea más efectiva. Este sistema sensorial primitivo perdió su función de análisis del agua en los vertebrados, pero mantuvo tanto su origen embrionario (a partir de una placoda impar y anterior) como su función de producción de hormonas reguladoras de los procesos reproductivos. Las demás funciones endocrinas implicadas en los múltiples procesos fisiológicos se habrían adquirido posteriormente.

Llegados a este punto, hemos visto como la cefalización en los vertebrados supuso la interacción de tres grandes sistemas sensoriales con los tres centros nerviosos que originalmente constituyeron el encéfalo de los vertebrados. Asimismo, he explicado cómo la importancia significativa del olfato en los mamíferos conllevó que el encéfalo más anterior fuera capturando e integrando la información de los otros sistemas sensoriales (vista y audición) y creciera desmesuradamente formando los grandes hemisferios cerebrales. Buena parte de la información sobre el equilibrio, la posición y el movimiento se procesa y se integra en el cerebelo, encargado de la coordinación de movimientos. Y por último hemos visto que la adenohipófisis deriva de una placoda y probablemente tiene un origen asociado al sistema olfatorio, lo que explica su sorprendente desarrollo embrionario a partir del epitelio de la boca. Todos estos sistemas sensoriales y centros nerviosos son extraordinariamente delicados y vulnerables, por lo que deben protegerse. El responsable de su protección es el cráneo, otra caja de sorpresas que abriremos en el próximo capítulo.

Para saber más

- Duque Osorio, J. F.; «Crestas neurales, placodas y arcos branquiales: una revisión evolutiva y embriológica de datos básicos y recientes», *Revista de la Academia Colombiana de Ciencias Exactas Físicas y Naturales*, n.° 27, págs. 291-307, 2003. Doi: 10.18257/raccefyn.27(103).2003.2063
- Aguirre, E.; Velázquez, A.; González, M.; y Hofmann, P., «Cresta neural: la cuarta capa germinativa», *Unidades de Apoyo para el Aprendizaje. CUAIEED*, Facultad de Medicina UNAM, 2021. https://repositorio-uapa.cuaieed.unam.mx/repositorio/moodle/pluginfile.php/2482/mod_resource/content/9/UAPA-Cresta-Neural/index.html

Un complejo rompecabezas

¿Sabías que los vertebrados somos los únicos animales que tenemos huesos? En el mundo animal existen múltiples estructuras duras que forman parte del esqueleto y que pueden estar mineralizadas o no. Piensa en la concha de los moluscos, en los caparazones de los equinodermos o en el exoesqueleto de los artrópodos. La mineralización de estos esqueletos se debe al carbonato cálcico, una sal que se puede obtener fácilmente ya que está disuelta en el agua en mayor o menor concentración. Sin embargo, los vertebrados fuimos muy innovadores y no recurrimos a lo más sencillo. Desde el principio usamos como principal mineral para nuestro esqueleto el hidroxiapatito, un tipo de fosfato de calcio. Esto no es nada lógico, ya que el contenido en fosfato del agua es bajísimo (salvo cuando está contaminada), y prácticamente nos llega solo por la vía alimentaria. Por tanto, que tu cuerpo tenga huesos, en el contexto de los seres vivos, es excepcional.

Dos terceras partes del peso seco del hueso son minerales, mientras que el resto lo constituyen las proteínas, sobre todo el colágeno. El hueso especial de los dientes, llamado dentina, tiene una mayor proporción mineral, alrededor del 80 %, y este porcentaje llega a su máximo (un 95 %) en el esmalte de los dientes. ¿Sabías que este es el compuesto más duro jamás desarrollado por los seres vivos? Más adelante hablaremos de la fascinante historia de tus dientes.

Dos clases de huesos

Primero tenemos que explicar que existen dos tipos de huesos en tu cuerpo, dos variedades que tienen historias muy diferentes, tanto en su evolución como en su desarrollo embrionario. Unos se forman en la dermis, la capa profunda de la piel, por lo que se llaman huesos dérmicos. Otros se llaman huesos de sustitución o endocondrales, ya que se desarrollan mediante la sustitución de cartílago por hueso (*chondros*: 'cartílago' en griego). Es decir, en un momento del desarrollo el cartílago comienza a degradarse y al mismo tiempo unas células llamadas osteoblastos lo invaden y se encargan de secretar los componentes del hueso. Esto es lo que sucede en las vértebras y en los huesos de los brazos y de las piernas. Primero están formados por cartílago y poco a poco se van osificando. Más adelante veremos esto, ahora nos estamos ocupando del cráneo y te adelanto que allí encontraremos los dos tipos de huesos.

Tu cráneo es una auténtica obra de arte, una pieza de relojería donde elementos de muy diferente origen encajan y se articulan entre sí. En concreto, podemos distinguir tres dominios óseos en tu cráneo (¡otra vez nos encontramos con el número tres!). Voy a decirte cuáles son y luego te contaré su historia:

- La bóveda craneana constituye la mayor parte de tu cráneo. Está formada por huesos dérmicos que en su mayoría derivan de esa cresta neural de la que hablamos en el capítulo anterior. Envuelve tu cerebro por encima, por los lados y por la parte posterior (occipital). Por la parte anterior se va estrechando, formando la frente, los huesos de la cara y la mandíbula superior.

- La parte anterior del cerebro descansa sobre un par de huesos endocondrales (etmoides y esfenoides). En el esfenoides se halla la cavidad que alberga la hipófisis. Volveremos a mencionar este hueso más adelante por su relación con el esqueleto branquial ancestral. Estos dos huesos son los supervivientes de una caja craneana endocondral mucho mayor, que es la que encontramos en los peces, sobre todo en los tiburones y las rayas. Estos animales, dado que carecen de huesos, no forman una bóveda dérmica y protegen sus centros nerviosos con una caja craneana cartilaginosa.

- El cráneo branquial[14] está constituido por los elementos que se incorporaron desde las branquias cuando un grupo de peces dio lugar a los anfibios. Tú respiras gracias a tus pulmones, pero todavía conservas muchos restos de aquellas branquias. Es más, si estás escuchando música mientras lees esto, ¡da las gracias a las branquias de los peces! Este tema es tan fascinante que le dedicaremos el capítulo siguiente.

---

[14] Los científicos lo llaman «esplancnocráneo», que es más erudito, aunque un poco complicado de pronunciar.

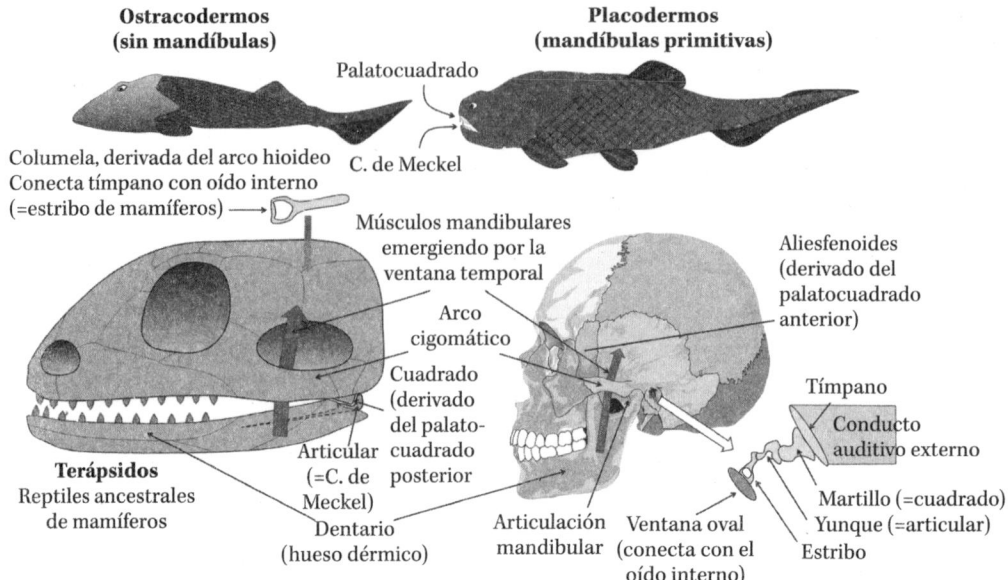

Ostracodermos
(sin mandíbulas)

Placodermos
(mandíbulas primitivas)

Palatocuadrado

Columela, derivada del arco hioideo
Conecta tímpano con oído interno
(=estribo de mamíferos) ⟶

C. de Meckel

Músculos mandibulares
emergiendo por la
ventana temporal

Arco
cigomático

Aliesfenoides
(derivado del
palatocuadrado
anterior)

Tímpano

Cuadrado
(derivado
del palato-
cuadrado
posterior

Conducto
auditivo externo

Terápsidos
Reptiles ancestrales
de mamíferos

Articular
(=C. de
Meckel)

Dentario
(hueso dérmico)

Articulación
mandibular

Ventana oval
(conecta con el
oído interno)

Martillo (=cuadrado)
Yunque (=articular)
Estribo

Figura 5. Los primeros vertebrados (ostracodermos) eran pequeños peces acorazados, cubiertos de placas de hueso para su defensa. La aparición de las mandíbulas
primarias derivadas de las branquias (palatocuadrado y cartílago de Meckel) cambió
radicalmente el escenario, permitió a los vertebrados alcanzar mayores tamaños y
provocó que las placas de hueso se restringieran a la cabeza y la cintura pectoral. En
el resto del cuerpo estas placas formaron escamas. Los terápsidos (reptiles ancestrales de mamíferos) tienen mandíbulas secundarias, constituidas de la forma que
veremos en la Figura 6. El palatocuadrado y el cartílago de Meckel forman ahora la
articulación de estas mandíbulas mientras que el antiguo arco hioideo, soporte de las
mandíbulas primarias, ha dado lugar a la columela (estribo de mamíferos). En el cráneo humano se mantiene la ventana temporal típica de los terápsidos, y los elementos branquiales han formado la cadena de huesos del oído medio. Tu aliesfenoides
también deriva del palatocuadrado ancestral.

La bóveda craneana, protectora del cerebro

Los primeros vertebrados debieron de ser seres muy vulnerables. Po-
blaron los mares del periodo Cámbrico, hace más de 500 millones

de años, y eran unos diminutos pececillos de cuerpo blando, no mucho mayores que la yema de tu pulgar. Seguro que fueron un excelente aperitivo para los trilobites y otros ávidos depredadores de la época. Esta situación incómoda cambió radicalmente para los vertebrados cuando aprendieron a fabricar hueso, algo que, como se ha explicado anteriormente, es un invento exclusivo de estos animales. Con tantos depredadores al acecho no parecía mala idea cubrir todo el cuerpo con un caparazón de hueso dérmico (Figura 5). Esto les permitió alcanzar tamaños superiores, generalmente alrededor de un palmo, aunque algún gigante llegó al medio metro. Dado que para aquel entonces ya había artrópodos, como los euriptéridos, que llegaron a alcanzar más de dos metros de longitud, no parece un logro insólito ni una garantía de supervivencia.

Estos peces acorazados (los ostracodermos, del griego *óstrakon*: 'caparazón') proliferaron durante los primeros periodos de la era primaria o paleozoica. Ya veremos cómo se alimentaban y por qué se extinguieron. Lo que nos interesa ahora es que, a medida que los vertebrados fueron adquiriendo innovaciones evolutivas y fueron mejorando su diseño y su tamaño, esa capacidad de producir hueso dérmico pasó a ser innecesaria en la mayor parte del cuerpo, pero siguió resultando esencial en la cabeza, donde había un encéfalo y unos órganos sensoriales que proteger.

Sí, tu bóveda craneana de hueso dérmico deriva directamente del caparazón que los peces ostracodermos desarrollaron hace quinientos millones de años, y ha seguido protegiendo nuestra cabeza desde entonces. Más adelante te contaré más cosas sobre otros huesos de tu esqueleto que comparten este origen ancestral, aparte de la bóveda craneana.

Existen tres aspectos de la historia de tu bóveda craneana que me parecen especialmente relevantes. Empecemos con el primero.

Con la punta de la lengua tantea el techo de tu boca. Notarás que ahí hay hueso. Puedes pensar que se trata de la caja craneana, la base del cráneo que sostiene al cerebro. Pero no. Ese hueso también es dérmico, se forma a partir de la bóveda craneana y se llama paladar secundario. Y solo lo tenemos los mamíferos. Para entender esto, recuerda lo que contamos en el capítulo anterior acerca de las coanas, esos orificios que conectan las fosas nasales con la boca y permiten que el aire entre a los pulmones y que respiremos con la boca cerrada. En los anfibios, los reptiles y las aves, las coanas se abren en el techo de la boca. Sin embargo, en los mamíferos esto sería un problema, porque los mamíferos tenemos una temperatura alta, un elevado gasto energético y una alta demanda de oxígeno. Por tanto, necesitamos que la boca se ocupe de cortar, masticar, humedecer y ablandar el alimento sin que por ello se interrumpa el suministro de aire a los pulmones. Como siempre, la evolución es maestra en el arte del bricolaje. Durante nuestro desarrollo embrionario se formó una especie de repisa desde la bóveda craneana hacia dentro, por encima de la boca, y esta repisa separó la vía respiratoria de la cavidad donde la lengua y los dientes se ocuparán de la comida.[15] Las coanas se abrieron directamente a la faringe y, de hecho, las puedes ver detrás de la campanilla. Masticamos y respiramos al mismo tiempo, y, únicamente en el momento de la deglución, la glotis corta el aire a los pulmones por un instante y lo restablece inmediatamente, salvo que se produzca un conflicto que acabe con un ataque de tos.

Seguro que estás pensando que las aves también tienen una temperatura alta y una demanda energética considerable. ¿Cómo se las arreglan sin paladar secundario? La respuesta es fácil, no

---

[15] Estas repisas crecen desde los lados y se fusionan en la línea media. Si la fusión falla, tenemos la malformación congénita que se conoce como paladar hendido, que frecuentemente está asociada con una fisura labial. Es una de las malformaciones congénitas más frecuentes.

tienen dientes, no mastican, el alimento pasa rápidamente al buche, donde se acumula, y se «mastica» en la molleja, una parte muy muscularizada del estómago que suele contener piedrecitas. Probablemente has oído aquella expresión de «comer como los pollos». Pues ahora ya sabes de dónde viene.

Un orificio con mucha historia

A continuación, te explicaremos otra característica curiosa de tu bóveda craneana. Coloca un dedo justo delante del oído y desplázalo hacia el ojo. Notarás un saliente. Si mueves la mandíbula, verás que justo debajo de ese saliente algo se desplaza. Esa es la articulación de tu mandíbula con el cráneo, una curiosa articulación que trataremos más adelante. El saliente óseo que va desde tu oído hacia tu órbita se llama arco cigomático, y su historia nos remite a tus antepasados, los primeros mamíferos.

Las mandíbulas, como es lógico, necesitan unos buenos músculos para cumplir con su función. Estos originalmente, iban desde las mandíbulas hasta la cara interna de la bóveda craneana. Así están dispuestos, por ejemplo, en los anfibios. Esto limitaba mucho la longitud de los músculos mandibulares que tropezaban con la bóveda y no podían ir más allá. Asimismo, limitaba la capacidad de movimiento de las mandíbulas, que depende del recorrido de sus músculos. Por esta razón, en la mayor parte de los reptiles, en las aves y en los mamíferos, se abren grandes ventanas en la bóveda, llamadas ventanas temporales.[16] Por ellas pasan los múscu-

---

[16] Curioso nombre, ¿no? No se llaman temporales porque duren poco, sino porque se encuentran en la región temporal del cráneo. En latín, *tempora*, plural de *tempus*, significa los tiempos, pero también las sienes, probablemente porque ahí aparecen las primeras canas, signos del paso implacable del tiempo.

los mandibulares al exterior, que así pueden extenderse por la superficie del cráneo. Los lagartos, las serpientes, los dinosaurios y los cocodrilos tienen dos ventanas a cada lado de la bóveda, atravesadas por los músculos mandibulares. Por ese motivo, reciben el nombre de diápsidos (ya lo has visto en la Figura 1). Las aves, descendientes de los dinosaurios, unen estas dos ventanas en una gran abertura. Y los mamíferos y sus antepasados reptilianos tienen una sola ventana a cada lado, en la parte baja de la bóveda (Figura 5). Se denominan por ello sinápsidos, y también puedes ver este grupo en la Figura 1.

Tu arco cigomático está situado entre el margen de la bóveda y el orificio por el que pasan los músculos mandibulares para extenderse por la parte lateral de tu cráneo. Se trata de una característica que ya estaba presente en los reptiles ancestrales de los mamíferos (los terápsidos) hace más de 250 millones de años, cuando los dinosaurios ni siquiera habían aparecido. Así que tu ventana temporal cuenta con una larga historia a sus espaldas.

Primero los dientes, luego las mandíbulas

Ahora imagínate unas mandíbulas sin dientes. Sin ir más lejos, las aves o las ballenas las tienen así. Pero te resultará mucho más difícil concebir dientes sin mandíbulas, casi como la sonrisa sin gato de *Alicia en el país de las maravillas*. Pues que no te sorprenda, los dientes aparecieron en la historia de los vertebrados mucho antes que las mandíbulas, antes incluso de que los vertebrados aprendieran a morder.

Regresemos a nuestros antepasados, los peces acorazados u ostracodermos. Ya te he contado que estaban protegidos por un caparazón de hueso dérmico, del que deriva tu actual bóveda craneana y otros huesos. Ese hueso dérmico estaba recubierto de unas pequeñas estructuras llamadas odontodos, que le daban una mayor resistencia. Los odontodos estaban formados por un hueso muy compacto, similar a la dentina, cubierto de una durísima capa de esmalte. Esta composición seguro que te suena. En efecto, los odontodos tenían la misma estructura que nuestros dientes actuales.

Aquellos peces no tenían mandíbulas, ya que se alimentaban por filtración del agua marina. Cuando aparecieron las mandíbulas, de la forma que describiré más adelante, los peces acorazados descubrieron dos cosas. La primera es que podían comerse a otros animales en lugar de malgastar el tiempo filtrando agua. La segunda es que ya no hace falta una coraza protectora cuando uno puede defenderse a mordiscos. Por eso el hueso dérmico fue reduciéndose y restringiéndose a la cabeza. Eso sí, las mandíbulas eran mucho más eficaces si se asociaban a esos durísimos odontodos que hasta entonces habían cumplido con la función protectora. El desarrollo de los odontodos se restringió a la piel que recubría las mandíbulas, desapareciendo del resto del cuerpo. Fue así como se originaron tus dientes.

Te contaré otra curiosidad. La reducción del esqueleto dérmico no fue total en el tronco y la cola de los peces con mandíbulas. Los tiburones y las rayas, que perdieron la capacidad de producir hueso y por eso se llaman peces cartilaginosos, mantuvieron los odontodos por toda su superficie. Son los dentículos dérmicos que hacen tan rasposa la piel de los elasmobranquios. Los demás peces sí perdieron los odontodos y redujeron su caparazón a las escamas, constituidas por finas láminas de hueso dérmico. No las confundas con las escamas de los reptiles, que no tienen nada que ver con los huesos, como ya veremos.

El invento decisivo, las mandíbulas

Los peces respiran por las branquias. El salto a la tierra firme se produjo durante el periodo devónico, hace unos 390 millones de años, y lo protagonizaron los primeros anfibios. No resultó nada fácil, porque todo el plan de organización de los peces tuvo que revisarse, produciendo una auténtica revolución anatómica. Cambió la forma de desplazarse, la mecánica corporal y, especialmente, la forma de respirar. Los primeros anfibios ya respiraban por los pulmones y las branquias no tenían ninguna función. No obstante, el esqueleto que sostenía las branquias y su musculatura fue reutilizado con diversos propósitos. Algunos de estos elementos siguen estando presentes en tu cuerpo y son muy importantes. De momento nos ocuparemos solo del esqueleto branquial, ya que el resto de la importantísima herencia que hemos recibido de la faringe branquial se tratará en el capítulo siguiente.

Las branquias son estructuras que se desarrollan en la faringe de los peces. Los antepasados de los vertebrados también tenían aberturas faríngeas, aunque su función era sobre todo filtradora. Volveremos a esta cuestión en el siguiente capítulo, cuando repasemos la sorprendente historia de tu tiroides. Las branquias de los peces están sostenidas por barras de cartílago (derivadas de la cresta neural, ¡otra vez!) o por huesos de sustitución de ese cartílago. Constan de varios elementos articulados entre sí y están asociadas a una musculatura cuyo movimiento facilita la circulación del agua a través de aberturas al exterior. También tienen unos filamentos muy vascularizados. De esta forma el oxígeno disuelto en el agua es capturado por la sangre y se elimina no solamente el dióxido de carbono, sino también las toxinas y los productos de la excreción.

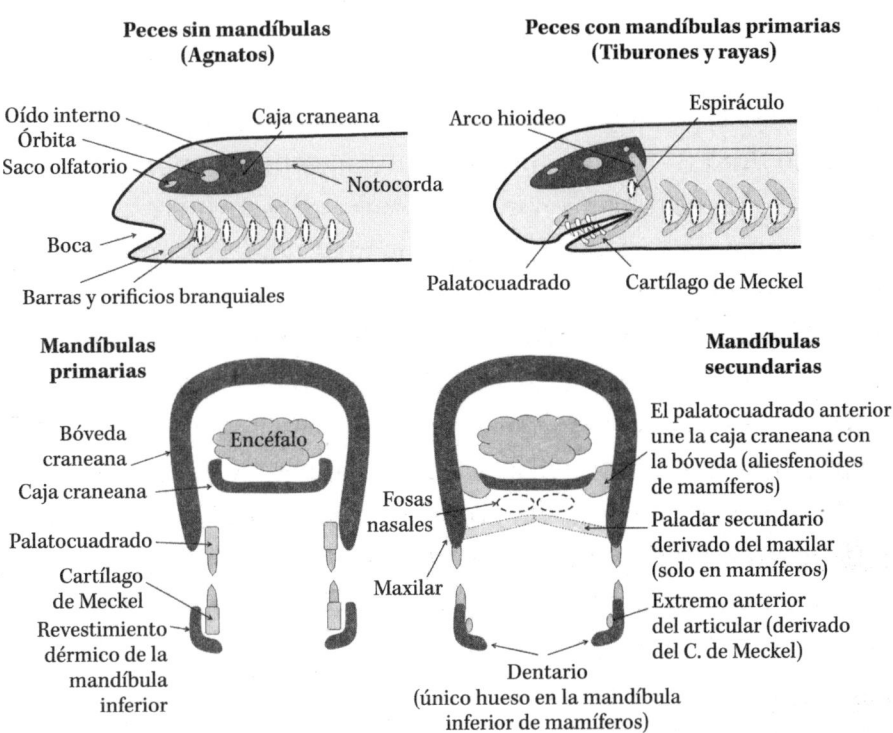

**Peces sin mandíbulas
(Agnatos)**

**Peces con mandíbulas primarias
(Tiburones y rayas)**

Oído interno
Órbita
Saco olfatorio
Caja craneana
Notocorda
Boca
Barras y orificios branquiales

Arco hioideo
Espiráculo
Palatocuadrado
Cartílago de Meckel

**Mandíbulas
primarias**

**Mandíbulas
secundarias**

Bóveda
craneana
Caja craneana
Palatocuadrado
Cartílago
de Meckel
Revestimiento
dérmico de la
mandíbula
inferior

Encéfalo

Fosas
nasales
Maxilar
Dentario
(único hueso en la mandíbula
inferior de mamíferos)

El palatocuadrado anterior
une la caja craneana con
la bóveda (aliesfenoides
de mamíferos)
Paladar secundario
derivado del maxilar
(solo en mamíferos)
Extremo anterior
del articular (derivado
del C. de Meckel)

Figura 6. Las mandíbulas primarias (palatocuadrado y cartílago de Meckel) derivan de un arco branquial próximo a la boca. Para conectarlas al cráneo se modifica el siguiente arco branquial, llamado hioideo. Actualmente, los tiburones y las rayas tienen este tipo de mandíbula. La mandíbula primaria fue sustituida muy pronto por una mandíbula secundaria formada por el margen de la bóveda craneana y por huesos dérmicos que revestían el cartílago de Meckel. Los derivados del palatocuadrado y del cartílago de Meckel siguen formando la articulación de estas mandíbulas secundarias, excepto en los mamíferos. El palatocuadrado anterior fusiona la caja craneana con la bóveda para dar más solidez al cráneo. En mamíferos forma el aliesfenoides.

Las branquias son, por tanto, muy importantes para los peces. E igualmente fueron muy importantes en su evolución, ya que nos proporcionaron un elemento trascendental para la historia de los vertebrados. Algo aparentemente tan sencillo como las mandíbulas. Ya he explicado que los antepasados de los vertebrados eran animales filtradores. También lo fueron los primeros peces y los ostracodermos acorazados que carecían de mandíbulas en la boca. Todavía tenemos entre nosotros a las lampreas, descendientes de aquellos vertebrados primitivos, que se pegan al cuerpo de otros peces con una especie de ventosa y chupan su sangre. Y los mixines o peces bruja, animales carroñeros que segregan una baba pegajosa si son atacados. Te aconsejo que no te pierdas los vídeos de mixines en YouTube porque son impresionantes.

Una primera innovación debió consistir en utilizar el esqueleto de un par de branquias y su musculatura asociada para abrir y cerrar la boca (Figura 6). En principio, esto pudo ser solo un sistema para controlar lo que entraba y salía por ahí, pero aquellos peces descubrieron que, si además recubrían las mandíbulas con odontodos afilados, podían morder y comerse a otros animales. Este es el origen de los vertebrados mandibulados, todos los actuales excepto lampreas y mixines.

Parece algo muy simple, pero este invento cambió radicalmente la forma de vida de los vertebrados. Piensa que los ostracodermos más grandes medían menos de medio metro, lo máximo que les permitía su modesta alimentación y, como hemos visto, su defensa consistía en una armadura de hueso dérmico. En cuestión de unos pocos millones de años encontramos en el registro fósil peces (los placodermos) que alcanzan los diez metros de longitud, y que se consideran los mayores depredadores del planeta (Figura 5). Aquellos artrópodos y cefalópodos que comían pececillos como aperitivo pasaron a ser presas, y algunos grupos incluso se extinguieron. Sucesivamente aparecieron nuevos grupos de peces mandibulados durante el periodo devónico (que se ha llamado con propiedad «la era de los peces»), entre ellos los tiburones y las rayas, los peces óseos y los precursores de los anfibios. Pero veámoslo con detenimiento.

Las mandíbulas primitivas estaban formadas por dos elementos branquiales a cada lado, denominados palatocuadrado (superior) y cartílago de Meckel (inferior). No, no me estoy refiriendo a tus mandíbulas, de ellas hablaré más adelante. Antes tenemos que plantear un problema de diseño. Está muy bien tener mandíbulas, músculos y dientes para morder una presa, pero ¿qué pasa si a la presa no le apetece servir de almuerzo al depredador? Lógicamente se resistirá, y las mandíbulas corren el peligro de desaparecer clavadas en el lomo de la presa en fuga.

Por lo que no hay duda de que necesitamos unir las mandíbulas a algo sólido, a otras partes del esqueleto, para reforzar su función. ¿Qué tenemos por allí cerca que nos pueda servir? Solo hay dos posibilidades, el cráneo, en concreto la caja craneana endocondral que en los peces protegía el cerebro, y el siguiente par de branquias. Si articulamos la mandíbula superior con el cráneo, asunto resuelto. Esto lo llevaron a cabo algunos peces, entre ellos las curiosas quimeras, un exótico grupo de peces primitivos que ha llegado hasta nuestros días. Pero resulta más ingenioso y funcional articular las mandíbulas al siguiente par de barras branquiales, y que luego sea este par de barras el que se articule al cráneo. La barra branquial que sujeta a cada lado las mandíbulas primitivas se denomina arco hioideo (Figura 6), y generalmente pierde su función branquial.[17] Esta fue la decisión preferida de los

---

[17] Explicaré el sorprendente mecanismo que regula la identidad de cada arco branquial en el capítulo siguiente.

peces, y tuvo consecuencias muy importantes para la historia de tu cuerpo. La ventaja de esta solución es que combina solidez y movilidad, ya que permite que las mandíbulas se proyecten hacia delante. Si has visto alguna vez documentales sobre tiburones, te habrá llamado la atención que, cuando atacan, parece que las mandíbulas se salen de la boca, un poco como el *Alien* de Ridley Scott. Esto es posible por la movilidad que les confiere estar sostenidas por el arco hioideo.

El arco hioideo se articula con el cráneo primitivo, la caja craneana, justo en la región del oído interno. Seguro que ya ves por donde voy. En efecto, la parte superior del arco hioideo ya no necesitará sujetar las mandíbulas a partir de los anfibios, y se reciclará como la columela, ese bastoncito que conecta el tímpano con el oído interno. En los mamíferos la columela se acorta mucho y forma el estribo. Ese huesecillo, el más pequeño de tu cuerpo, en otros tiempos tuvo la importante función de sostener las mandíbulas de enormes depredadores. Bueno, en realidad su función ahora no es menos importante, ya que puedes oír gracias a él.

La parte inferior del arco hioideo se asocia desde el principio a una estructura móvil de la base de la boca. Me refiero a la lengua. En los peces no es musculosa ni tiene papilas gustativas, y sirve sobre todo para mover el alimento hacia atrás. Tu lengua sí es muscular, y se inserta en el hueso hioides. Exacto, ese hueso en forma de herradura deriva de la parte inferior del arco hioideo y sirve de punto de inserción a un montón de músculos, además de la lengua. Igualmente, los otros cartílagos que constituyen la laringe y que derivan de los arcos branquiales posteriores al hioideo forman parte del legado branquial. Esos cartílagos son fundamentales para que la laringe cumpla sus funciones, por ejemplo, la de producir sonidos, tan importante para nosotros. De modo que el antiguo esqueleto branquial ha hecho posible que oigas y que hables.

Mandíbulas pasadas de moda

Pero hay más. Recuerda que hemos dejado atrás las mandíbulas primarias, esto es, el palatocuadrado arriba y el cartílago de Meckel abajo, que son esas imponentes mandíbulas cuajadas de dientes que exhibe el tiburón de Spielberg. En realidad, las mandíbulas primitivas de origen branquial cosecharon un éxito limitado. Actualmente solo las mantienen los tiburones, las rayas y esas extrañas quimeras de las que hablábamos antes. Todos los demás vertebrados mandibulados han sustituido la mandíbula primitiva por otra, la mandíbula secundaria, que es la que tú utilizas.

Sin más suspense, tu mandíbula superior no es otra cosa que el borde de la bóveda craneana (Figura 6). Recuerda que los dientes, como derivados de los odontodos, pueden formarse en cualquier lugar donde haya piel. Dentro de los muchos ensayos que hicieron los peces en el periodo devónico, un grupo modificó la inserción de los dientes y los colocó en el margen de su bóveda craneana. Esto tenía ventajas, ya que la boca no se quedaba incómodamente situada debajo de la cabeza, como todavía está en los tiburones, sino en su extremo anterior.[18] También tenía desventajas, ya que el borde de la bóveda carecía de la movilidad que tenía el palatocuadrado por su articulación con el arco hioideo. En los peces

---

[18] Por eso, a todos los vertebrados con mandíbula secundaria se les llama «teleóstomos», de *têle* ('lejos', 'extremo') y *stóma* ('boca'). Puedes ver este grupo en la Figura 1. Sí, tú y yo somos teleóstomos.

esto se solucionó de una forma que no vamos a tratar ahora, pero en los vertebrados terrestres supuso un problema menor dado que, a diferencia de los peces, tenemos un cuello flexible que nos permite mover la cabeza. Por lo que no podremos sacar las mandíbulas de la boca, pero sí somos capaces de dirigir la cabeza hasta el bocadillo.

¿Y qué ocurre con la mandíbula inferior? Pues más o menos lo mismo, los dientes se transfirieron desde el cartílago de Meckel a los huesos dérmicos que lo revestían externamente. Tu mandíbula inferior, igual que tu bóveda craneana, es una herencia del caparazón dérmico de los ostracodermos.

Pero esta historia no acaba con la aparición de las mandíbulas secundarias. ¿A qué se dedicaron el palatocuadrado y el cartílago de Meckel, las mandíbulas primitivas, cuando se quedaron sin empleo?

La capacidad de reciclado de la evolución es asombrosa, ya la quisiéramos nosotros para nuestros residuos. El palatocuadrado dio lugar a dos huesos diferentes. El más posterior mantuvo su articulación con el cartílago de Meckel, y esta función sirvió para mantener articulada la nueva mandíbula inferior. Los huesos dérmicos son muy buenos a la hora de proteger, pero no se les da bien llevar a cabo articulaciones móviles. Por eso en todos los peces óseos, anfibios, reptiles y aves, la articulación de la mandíbula inferior se realiza mediante dos huesos, el cuadrado[19] (el descendiente más posterior del palatocuadrado) y el articular (derivado del cartílago de Meckel).

El otro hueso que derivó del palatocuadrado se aplicó a una función estructural interesante, conectar dos componentes principales del cráneo, su base endocondral y la bóveda dérmica, para

---

[19]   El cuadrado es un hueso curiosísimo, se vuelve móvil en lagartos, serpientes y aves, contribuyendo a la movilidad de sus mandíbulas.

aportar solidez al conjunto. Y, de hecho, en tu cráneo sigue realizando esta función. Es el hueso aliesfenoides, las alas del hueso esfenoides que se articulan sólidamente con la bóveda craneana completando la base del cráneo (Figuras 5 y 6). Un buen cambio para una exmandíbula.

He mencionado anteriormente que la articulación de las mandíbulas secundarias sigue estando a cargo del cuadrado y articular, derivados de las mandíbulas primarias, en la mayor parte de los vertebrados. Pues en los mamíferos no es así. Esta es una de nuestras marcas más distintivas, que puede rastrearse en los fósiles que representan la transición de reptil a mamífero. Tu mandíbula inferior, que es dérmica, se articula directamente con la bóveda craneana, en el extremo posterior del arco cigomático. Como ya te he dicho antes, puedes sentir cómo se mueve la articulación justo delante del oído. Esta es la excepción a la regla de que a los huesos dérmicos se les da fatal formar articulaciones móviles.

Lo interesante de este cambio es lo que sucedió cuando el cuadrado y el articular entraron en las listas del desempleo, ya que habían perdido su tradicional trabajo como articulación mandibular. Rápidamente encontraron un nuevo empleo. Se convirtieron en el yunque y el martillo de tu oído medio, intercalados entre el tímpano y el estribo, y responsables de la transmisión del sonido al oído interno (Figura 5). Por cierto, estos tres huesecillos del oído medio están situados en una cámara de aire conectada con la faringe por las trompas de Eustaquio. Esto es imprescindible para que puedan vibrar libremente. ¿De dónde viene esta cámara? ¡Volvamos a los peces!

Los tiburones que viven pegados al fondo y las rayas tienen, justo detrás de los ojos, un orificio. Se llama espiráculo, un nombre muy desafortunado, porque no sirve para expulsar agua, sino para inspirarla. Ya sabes que estos animales tienen la boca en la parte ventral de la cabeza. Cuando están apoyados sobre el fondo marino no pueden aspirar agua por la boca, y esta función la asume el espiráculo. Este orificio es una antigua hendidura branquial. ¿Adivinas cuál? En efecto, es la hendidura ancestral que se abría entre el arco mandibular y el arco hioideo. Esta hendidura, que perdió su función branquial y su apertura al exterior, se mantuvo en los vertebrados terrestres para alojar la columela. Su pared más externa, no perforada, dio lugar al tímpano.[20] Y en los mamíferos ha terminado alojando el yunque y el martillo, además del estribo. Tus trompas de Eustaquio, necesarias para igualar la presión del aire del oído medio con la del exterior,[21] derivan del antiquísimo par de bolsas que se situaban entre los arcos branquiales destinados a ser la mandíbula y el arco hioideo (Figura 7).

¡Menuda historia la de tu yunque y tu martillo! Una vez fueron arcos branquiales, encargados de la respiración. Luego mandíbulas, dedicadas a obtener el alimento. Más tarde, simples elementos de articulación de las nuevas mandíbulas. Y han terminado por permitirte oír. No lo olvides la próxima vez que escuches algo interesante.

---

[20] En los mamíferos el tímpano se hunde en un conducto (el oído externo) para su mejor protección.

[21] Esto lo recuerdas cuando cambias rápidamente de altitud viajando en coche o avión.

Para saber más

- Meruane, M.; Smok, C. y Rojas, M., «Face and neck development in vertebrates», *International Journal of Morphology*, n. º 30, págs. 1373-1388, 2012. http://dx.doi.org/10.4067/S0717-95022012000400020
- Hirasawa, T. y Kuratani, S., «Evolution of the vertebrate skeleton: morphology, embryology, and development», Zoological Lett, n. º 1, art. 2, 2015. https://doi.org/10.1186/s40851-014-0007-7

La herencia branquial, mucho más que huesos

Los embriones humanos, el tuyo sin ir más lejos, no tienen branquias como los peces. Sin embargo, durante un periodo del desarrollo, tu faringe embrionaria es muy similar a la faringe branquial de los peces (Figura 7). De hecho, cuenta con cinco pares de arcos branquiales, el mandibular, el hioideo, y tres arcos más. Entre ellos se forman unas bolsas que, a diferencia de lo que ocurre en los peces, no se abren al exterior. El primer par de bolsas forma las trompas de Eustaquio y la cavidad del oído medio. Los arcos branquiales dan lugar a unos derivados esqueléticos que ya hemos visto: el estribo, el yunque, el martillo, el hioides, el aliesfenoides y los cartílagos de la laringe.

Además, esa faringe embrionaria tan parecida a la de los peces, proporcionará más elementos a tu cuerpo. Unos derivan de los músculos que en los peces movían la faringe. Recuerda que las branquias de los peces funcionan gracias a una musculatura que las contrae y eleva, facilitando el tránsito de agua a través de ellas. Cuando la faringe branquial perdió su función respiratoria, muchos de esos músculos desaparecieron, pero otros se conservaron,

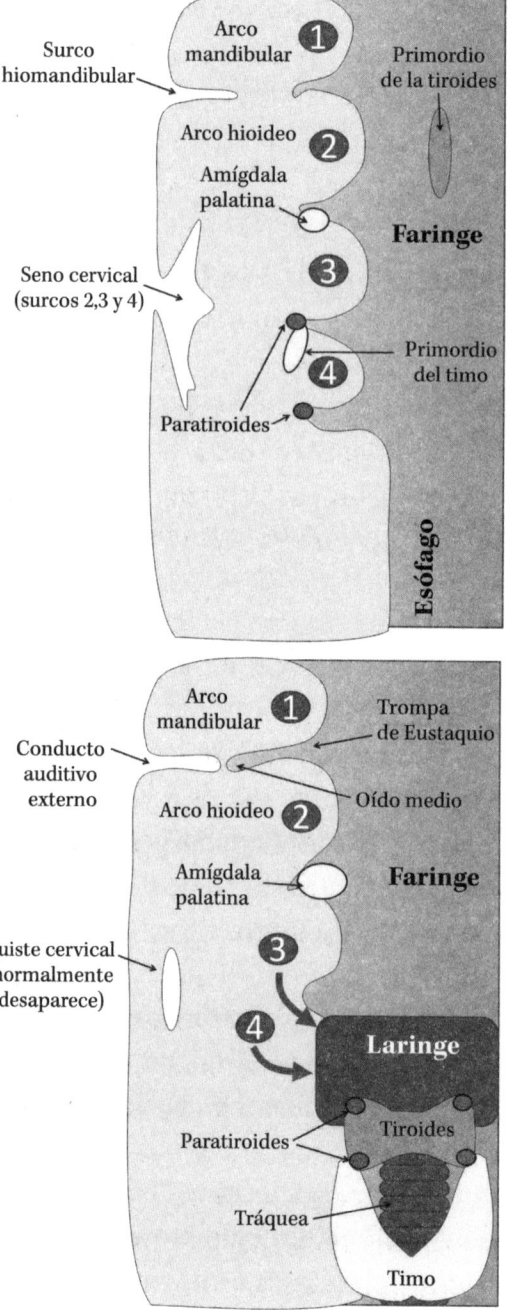

Figura 7. Esquema de la faringe embrionaria humana en un estado temprano de desarrollo (arriba) y en un estado más avanzado (abajo). Los números 1-4 indican los arcos branquiales, y entre ellos se localizan las bolsas branquiales. Aunque nuestras branquias no se abren al exterior, se crean surcos en la superficie que terminan formando el conducto auditivo externo y un quiste cervical que normalmente desaparece. Ya hemos visto el destino de los arcos mandibular e hioideo. Los arcos 3 y 4 contribuyen al esqueleto de la laringe. La primera bolsa branquial aloja los huesecillos del oído medio y la trompa de Eustaquio. Las demás bolsas branquiales originan las amígdalas y el timo (sistema inmune), así como las glándulas paratiroides. La tiroides se forma a partir de un surco del piso de la faringe, que corresponde al endostilo de nuestros antepasados más remotos.

y ahora vamos a ver a qué se dedican. Otros derivados de la faringe branquial ya estaban en los peces, y tu faringe embrionaria ha continuado desarrollándolos. Todos ellos se forman a partir del epitelio en diferentes lugares de la faringe, y tienen funciones muy diferentes y muy importantes, como veremos al final de este capítulo.

La próxima vez que te duela la garganta y te diagnostiquen una faringitis es posible que te preguntes para qué necesitas una cavidad que, aparentemente, lo único que hace es inflamarse cuando pillas un resfriado. Espero que después de leer lo que sigue sientas un mayor respeto por tu faringe, que tuvo una gran importancia en la historia de los vertebrados y también ha trabajado duro para proporcionarte muchos órganos durante tu vida embrionaria.

¿Qué pasó con los músculos de las branquias?

Vamos a ver qué músculos de tu cuerpo son una herencia de la faringe branquial de los peces. En el caso del arco branquial que originó las mandíbulas primitivas parece obvio que esos mismos músculos se encargasen de abrir y cerrar la boca y, por supuesto, de morder. Cuando esas mandíbulas fueron sustituidas por los huesos dérmicos, los músculos cambiaron de inserción y siguieron al servicio de las nuevas mandíbulas. Sí, los músculos maseteros, los temporales y otros músculos que utilizas para masticar, esos mismos que pasan bajo el arco cigomático y se extienden por tus sienes, son de origen branquial.

¿Cómo podemos estar seguros de esto? Contamos con unos curiosos chivatos que nos permiten reconstruir la historia de los músculos branquiales. Resulta que los músculos de cada arco están inervados por unos nervios especiales que salen del encéfalo. Se llaman nervios craneales.[22] Los del arco mandibular de los peces están inervados por el nervio trigémino (par V). Cada vez que masticas, las ramas del nervio trigémino estimulan tus músculos maseteros y otros relacionados con el movimiento de las mandíbulas.

Si miramos qué músculos de tu cuerpo están inervados por el par VII, que en los peces inerva al arco hioideo, podemos deducir dónde han ido a parar los músculos de este arco. Este nervio se llama facial y, con ese nombre no te sorprenderá demasiado, se encarga de hacer que muevan los músculos de tu cara, los llamados músculos de la expresión. Sí, una parte de los músculos del arco hioideo, el mismo arco que forma tu estribo o la inserción de tu lengua, se ha repartido por toda tu cara. Son los que te ayudan a sonreír, cerrar los ojos, levantar las cejas y comunicar tus sentimientos.

Los músculos de los demás arcos branquiales no son tan fascinantes, se localizan en el cuello y también intervienen en la deglución, el movimiento del velo del paladar y el habla. Desde luego, merece la pena mencionar el gran nervio que inerva los arcos branquiales posteriores en los peces. Es el par X, el nervio vago que, a pesar de su nombre, trabaja duramente para que tu sistema parasimpático funcione correctamente. Se encarga de regular la frecuencia cardiaca, de que el alimento progrese a lo largo de tu tracto digestivo y de muchas funciones viscerales. Le llamamos nervio vago, cuando lo que sucede es que no somos conscientes de lo mucho que hace por nosotros.

---

[22] Hay doce pares de nervios craneales en tu cabeza. Se suelen designar con números romanos y un nombre. Ya vimos que los nervios I (olfatorio) y II (óptico) no son auténticos nervios, sino tractos o conexiones entre regiones encefálicas.

La importante herencia de la faringe branquial

A las personas de mi generación solían extirparles las amígdalas a la primera de cambio. Espero que no hayas pasado por esta intervención tan desagradable que con el tiempo se ha visto que era innecesaria en la mayor parte de los casos. Si conservas tus amígdalas te gustará saber que son otro derivado de la faringe branquial y se desarrollan a partir del epitelio del segundo par de bolsas. Estas amígdalas proporcionan un albergue a las células del sistema inmunitario.

También está relacionado con el sistema inmune el timo, que se forma a partir del epitelio del tercer par de bolsas faríngeas. Los primordios del timo crecen mucho, viajan a través de la garganta y terminan formando la glándula definitiva encima del corazón y detrás del esternón. El timo es esencial para la maduración de los linfocitos T, antes de que se liberen a la circulación y comiencen su patrullaje. Estos linfocitos se dedican a distinguir lo que proviene de nuestro cuerpo de lo extraño, y sobre todo a identificar a los agentes infecciosos. Precisamente la T se debe a esta maduración en el timo. Como este proceso tiene lugar en la etapa infantil, a partir de la adolescencia el timo comienza a degenerar.

Las glándulas paratiroides también derivan del epitelio faríngeo, concretamente del tercer y cuarto par de bolsas. Por tanto, se trata de cuatro glandulitas pequeñas situadas en las cuatro esquinas de la glándula tiroides. Producen una hormona, la parathormona, que aumenta la concentración de calcio en la sangre.

Vamos a terminar con lo que me parece la historia más fascinante de los derivados de la faringe branquial de los peces. Y lo es porque se remonta mucho más allá de los vertebrados. Me refiero a tu tiroides.

La tiroides es una gran glándula en forma de mariposa que rodea la parte anterior de la tráquea, justo debajo de la laringe. Seguro que conoces a muchas personas, sobre todo a mujeres, que tienen problemas de tiroides, por exceso o defecto de su función. A diferencia de la hiperatareada hipófisis, la tiroides solo tiene una misión, muy importante, que es la de producir las hormonas tiroideas. Estas hormonas regulan el metabolismo basal, el consumo de proteínas, grasas y carbohidratos, la producción de calor, y también son esenciales para muchos otros procesos celulares y fisiológicos.

Lo que nos interesa ahora es la forma en que la tiroides llegó a tu cuello y adquirió esas funciones tan importantes. En el desarrollo embrionario esta glándula se forma a partir de un surco del epitelio ventral de la faringe situado entre los dos primeros arcos branquiales. Esto ya nos da una pista de la relación de tu tiroides con la faringe branquial de los peces. De hecho, la tiroides se desarrolla en todos los vertebrados de la misma forma, con una única e importante excepción: las larvas de las lampreas no tienen tiroides, y esta se genera durante su metamorfosis, en el paso de la larva a la lamprea adulta. Mantén esta información en mente porque será importante.

Recuerda que las lampreas son vertebrados muy primitivos, descendientes directos de aquellos ostracodermos de la era primaria que carecían de mandíbulas. Anteriormente he mencionado que los ostracodermos se alimentaban por filtración de agua, y ahora tengo que explicar esto un poco mejor. Para ello debo acudir a los ancestros de los vertebrados, los urocordados y los cefalocordados. Estos animales marinos no son demasiado populares, a pesar del parentesco que comparten con nosotros. Poseen formas muy variadas, pueden ser sésiles (las ascidias), pelágicos (las salpas y apendicularias) o vivir enterrados en el fango (los anfioxos). Todos ellos tienen algo en común, una faringe con perforaciones y una notocorda. Enseguida hablaremos de la faringe perforada y su función. La notocorda es una varilla flexible que recorre el cuerpo del animal adulto (en el anfioxo) o la cola de las larvas de urocordados. Esta varilla, combinada con músculos a los lados del cuerpo o de la cola, permite a estos animales nadar o enterrarse en el fango. También trataremos esta cuestión más adelante, cuando te cuente la historia de tu columna vertebral.

Ernst Haeckel (1834-1919), el gran naturalista alemán, propuso agrupar a los vertebrados con estos animales en un mismo grupo, que denominó los cordados. Esto puede parecer la típica manía de un zoólogo de inventar nombres, pero ten en cuenta que Haeckel estaba derribando una barrera establecida desde hacía más de 2000 años. Aristóteles distinguió entre los animales con sangre y sin sangre, la misma distinción que se mantuvo durante veinte siglos con las denominaciones de los animales vertebrados e invertebrados. Haeckel, un entusiasta de la teoría de la evolución de Darwin, señaló las semejanzas en el desarrollo de urocordados, cefalocordados y vertebrados, y pretendió haber encontrado el «eslabón perdido» que conectaba a los vertebrados, y a los humanos, con el resto de los animales.

Lo normal es que, a estas alturas, te preguntes qué tiene que ver todo esto con tu tiroides. Paciencia, en breve te lo explicaré. Los urocordados y los cefalocordados se alimentan por filtración, de una forma muy original que al parecer también tenían los primeros vertebrados. La enorme faringe de los urocordados y los cefalocordados presenta cientos o miles de pequeños orificios.[23]

---

[23] Estos orificios no se abren al exterior, como en el caso de los peces, sino a una cavidad llamada atrio que a su vez se abre al exterior por un conducto. La razón es muy sencilla, a nadie le gusta tener un cuerpo acribillado por cientos de agujeros. Es mejor tener un solo orificio de salida que se pueda controlar con un esfínter. La faringe de los peces, que es fundamentalmente respiratoria, requiere muchos menos orificios al exterior.

Lo lógico sería pensar que esta especie de colador actúa como filtro, pero la realidad es más compleja. Los orificios cuentan con un tamaño mucho mayor que las partículas que retienen estos animales, que son básicamente bacterias, algas microscópicas y otros componentes del microplancton. ¿Cómo es posible?

Los urocordados y los cefalocordados comparten otra característica. En el suelo de su gran faringe hay un surco, denominado endostilo, formado por células que secretan un *mucus* espeso y pegajoso. Los cilios de la faringe lo distribuyen por toda su superficie. De este modo, cualquier microorganismo o partícula orgánica presente en el agua que circula por la faringe se queda pegado y, junto con el moco, va cayendo en el estómago, donde se digiere.

Es una forma peculiar de conseguir alimento, pero extraordinariamente eficiente. Ningún animal con cierto tamaño es capaz de filtrar el agua de mar con este nivel de precisión y alimentarse de partículas tan pequeñas. Eso sí, desde el punto de vista de coste y beneficio, es un método costoso. ¡Como si tuviéramos que secretar el pan cada vez que nos preparamos un bocadillo!

Volvamos a la tiroides y a las larvas de las lampreas que carecen de tiroides. ¡Sorpresa! En su faringe hay un endostilo. Las larvas de lamprea se alimentan igual que lo hacen los urocordados y los cefalocordados, y con toda probabilidad igual que lo hicieron los primeros vertebrados. Y aquí va otra sorpresa, ese endostilo se convierte, durante la metamorfosis de la larva, en la glándula tiroidea de la lamprea adulta.

Pues sí, todo apunta a que tu tiroides derivó evolutivamente de ese surco faríngeo productor de moco que permitió a los cordados ancestrales acceder a una fuente de alimento, el microplancton, difícilmente explotable de otra forma. La aparición de las mandíbulas dio al traste con esta forma de alimentación, pero el endostilo probablemente se mantuvo en los vertebrados al haber adquirido una función secundaria como regulador del metabolismo. Se ha observado algo curioso que apoya esta hipótesis. El endostilo de los uro y los cefalocordados acumula yodo, exactamente igual que tu tiroides. Todo esto explica que, en tu desarrollo embrionario, tu tiroides se haya formado a partir del epitelio faríngeo.

Para saber más

- Casale, J. y Giwa, A. O., «Embryology, branchial arches», *StatPearls*, 2024. https://www.ncbi.nlm.nih.gov/books/NBK538487/
- Graham, A. y Richardson, J., «Developmental and evolutionary origins of the pharyngeal apparatus», *EvoDevo*, n. °3, art. 24, 2012. https://doi.org/10.1186/2041-9139-3-24

La columna vertebral: organizar el eje del cuerpo

Ya he explicado la división de los animales en vertebrados e invertebrados, una distinción mantenida durante más de 2000 años. Este concepto se vino abajo cuando se aceptó la agrupación de los vertebrados con los uro y los cefalocordados en el grupo taxonómico de los cordados. Lo que resulta más curioso es que las vértebras nunca supusieron un buen criterio para definir a los vertebrados, ya que no todos ellos cuentan con vértebras completas. Es más, ni siquiera estos huesos de la columna tienen un origen en común. De hecho, las vértebras fueron apareciendo de forma independiente en diferentes linajes de vertebrados. Sería más justo hablar de «craneados» como hacen muchos biólogos, ya que todos los vertebrados sin excepción tienen algún tipo de cráneo, una protección esquelética de su encéfalo.

Vamos a repasar brevemente la historia de tus vértebras y luego te contaré cómo se organizan en tu cuerpo. Estoy seguro de que estos dos temas te sorprenderán.

Los vertebrados inventaron las vértebras... más de una vez

En el capítulo anterior te presenté a los urocordados y los cefalocordados, que son los parientes más cercanos de los vertebrados dentro del reino animal. Su nombre, y el de los cordados, hace referencia a la notocorda, una varilla rígida y flexible que recorre todo el cuerpo de los anfioxos (cefalocordados) y la cola de las larvas nadadoras de los urocordados.[24] Esta varilla está formada por células turgentes, llenas de líquido, lo que comporta que sea rígida sin estar mineralizada como nuestras vértebras. Cuando los músculos se contraen alternativamente a ambos lados del cuerpo, como veremos en el siguiente capítulo, la notocorda se curva en la dirección correspondiente y, luego, rebota en sentido contrario. Esto genera oscilaciones que provocan un movimiento hacia delante.

Los primeros vertebrados nadaban de esta forma, ya que tenían una notocorda a lo largo del cuerpo (excepto en la parte más anterior de la cabeza) y paquetes de músculo a los lados. No existía una columna vertebral; como mucho, la médula espinal estaba medianamente protegida por una serie de cartílagos. También había cartílagos aislados debajo de la notocorda y a los lados del principal vaso del cuerpo, la aorta.[25] Esta situación se reprodujo en tu embrión, que tuvo una notocorda desde el extremo de la cola hasta el nivel de la bolsa de Rathke, la que formó tu adenohipófisis.

---

[24] Las apendicularias, un curioso grupo de urocordados, mantienen la cola y la notocorda en estado adulto. Su ciclo de vida es fascinante, si buscas información sobre estas criaturas te sorprenderás.

[25] Todos estos cartílagos derivan de los somitos, estructuras que veremos con más detalle en el capítulo 8. Los somitos son paquetes de mesodermo alineados a lo largo de la notocorda embrionaria. Son el origen de las vértebras y la mayor parte de los músculos de tu cuerpo.

Esta notocorda embrionaria fue reemplazada por tus vértebras, un proceso que recapitula lo que sucedió en la evolución de nuestros antepasados. Aquella notocorda ancestral fue sustituida por una columna vertebral.

La sustitución evolutiva de la notocorda por vértebras no se produjo en una única ocasión. Los tiburones adultos del paleozoico únicamente tenían notocorda. Incluso en algunos tiburones actuales podemos ver la notocorda solo parcialmente sustituida por vértebras, formando una especie de collar de cuentas gelatinosas situadas entre los centros vertebrales. Los demás tiburones y las rayas cuentan con una columna vertebral completa. Lo mismo sucedió en los peces óseos, la columna vertebral fue apareciendo en distintos linajes a lo largo de la era secundaria, y ya está presente en todos los grupos actuales.

En los vertebrados terrestres pasó lo mismo. Los primeros anfibios tenían una notocorda continua y carecían de columna vertebral. Muy pronto esa notocorda fue sustituida, bien por el crecimiento de los cartílagos que rodeaban la médula espinal (es el caso de los antepasados de los reptiles), o bien por la invasión de los cartílagos situados a los lados de la aorta (en grupos extintos de grandes anfibios). Al final todos los anfibios actuales, reptiles, aves y mamíferos tenemos una columna vertebral completa; pero, como se ha demostrado, esto se ha conseguido poco a poco a lo largo de la historia de los vertebrados.

Las regiones de la columna

Antes de empezar con la organización de la columna vertebral, tengo que contarte algo sobre la historia de tu caja torácica. Los

peces tienen costillas, aunque no lo parezca. Son esas espinas lar-
gas y curvas que vemos entre los músculos y que, a veces, son tan
molestas. Dan una cierta rigidez a las paredes de la cavidad visceral, pero no hacen nada especialmente importante. Sin embargo,
en la transición al medio terrestre las costillas se revelaron fundamentales para proteger los pulmones, el corazón y el resto de las
vísceras. El cuerpo ya no flotaba en el agua, ingrávido, sino que se
arrastraba por el suelo y pesaba. En los anfibios, las costillas tuvieron que reforzarse y además se unieron a un esternón formando una sólida caja. Dos curiosidades sobre el esternón, al igual
que los peces, las serpientes no lo tienen, pronto veremos por qué,
y las aves tienen uno enorme, en el que se insertan los músculos
de las alas.

Tu columna vertebral tiene cinco regiones muy bien definidas:
la cervical (siete vértebras), la dorsal (doce), la lumbar (cinco), la
sacra (cinco) y el coxis (entre tres y cinco vértebras fusionadas,
normalmente cuatro). En total, 33 vértebras. Cada una de ellas tiene características propias que veremos a continuación.

Las siete vértebras cervicales no tienen costillas. Las dos primeras, el atlas y el axis, forman el pivote sobre el que gira la cabeza. Un dato curioso: ¿sabes cuántas vértebras cervicales tienen las
jirafas? Pues siete, igual que tú. ¿Y los delfines, que no tienen cuello? Siete también. Prácticamente todos los mamíferos tienen
siete vértebras cervicales, larguísimas como en la jirafa o cortas
como en el delfín.[26] Esto es llamativo, porque las aves cuentan con
un número muy variable de vértebras cervicales, entre 13 y 25. El
largo cuello de los gansos se beneficia de este elevado número de

---

[26] Siempre hay excepciones, los perezosos tienen entre cinco y diez vértebras en el cuello. Los
manatíes, seis.

vértebras. En cambio, las serpientes solo tienen dos o tres vértebras en su corto cuello.

Las vértebras torácicas se caracterizan por estar articuladas con costillas, reunidas por el esternón o libres (flotantes). Las lumbares, en cambio, no tienen costillas. En mamíferos, el número de costillas torácicas más lumbares suele estar entre 19 y 21. Es decir, si hay más torácicas, hay menos lumbares. Los primates en general tenemos menos, 17 los humanos, como ya hemos mencionado (12 torácicas y 5 lumbares). Es importante señalar que otros vertebrados terrestres, como las serpientes, pueden llegar a las 400 vértebras torácicas, y a más de 600 vértebras en total.

Las vértebras sacras son de gran importancia porque están fusionadas con la pelvis, una estructura de la que hablaré en el siguiente capítulo. Esto significa que reciben los esfuerzos de las patas posteriores y los transmiten al resto del cuerpo. En los anfibios solo hay una vértebra sacra, en los reptiles dos, en nuestro caso cinco y en las aves nada menos que 13, soldadas en un hueso llamado sinsacro. No es de extrañar teniendo en cuenta los aterrizajes que deben hacer continuamente.

Para acabar, tu coxis representa el vestigio de la cola de nuestros antepasados primates. Ha quedado reducido a unas pocas vértebras fusionadas, entre tres y cinco, pero la cola de los mamíferos puede tener muchísimas más vértebras, hasta 50 en los pangolines.

Como ves, la columna vertebral de los vertebrados, y la tuya en particular, está ordenada en regiones muy bien definidas. Lo más sorprendente es que el sistema que regula esta ordenación se remonta al origen de los animales bilaterales, hace más de 550 millones de años, cuando las vértebras no habían aparecido. Esto lo tenemos que ver con más detenimiento.

Un sistema antiquísimo de organización

Recuerda que los animales bilaterales, es decir, todos menos las esponjas, los placozoos, los cnidarios y los ctenóforos, se caracterizan por tener un eje anteroposterior, otro dorsoventral y, en consecuencia, un lado derecho y otro izquierdo. Desde el primer momento, el eje anteroposterior contó con un fascinante sistema de señales moleculares que determinaba la manera de organizarse en regiones.

Lo entenderás mejor si tomamos como ejemplo una mosca. Las moscas del vinagre o drosófilas, como los demás artrópodos, están formadas por segmentos que son muy parecidos entre sí en los embriones y las larvas. A lo largo del desarrollo cada segmento adquirirá una identidad particular. Uno desarrolla antenas; otro, los ojos; tres segmentos desarrollan patas... pero solo el segundo de ellos forma un par de alas. La pregunta que los biólogos se plantearon durante mucho tiempo fue ¿cómo sabe cada segmento lo que tiene que hacer?

La respuesta se encontró en la década de los ochenta, en parte gracias al estudio de dos drosófilas mutantes, una de ellas con dos pares de alas (recuerda, las moscas únicamente tienen un par de alas en el segundo segmento torácico) y otra con patas donde deberían estar las antenas. Los genes mutados se localizaron en un cromosoma concreto de la drosófila y, primera sorpresa, formaban parte de un complejo de ocho genes muy parecidos entre sí. Estos genes contenían información para sintetizar unas proteínas que actuaban como interruptores de otros genes, uniéndose a regiones del genoma. A este tipo de proteínas se le conoce con el nombre de factores de transcripción. La segunda sorpresa fue que el orden de los genes en el cromosoma se correspondía con el mismo orden en que se expresaban[27] a lo largo del eje anteroposterior de la mosca. En efecto, estos genes, que recibieron el nombre de genes *Hox*,[28] determinaban la identidad de los diferentes segmentos del cuerpo, y sus mutaciones podían cambiar dicha identidad.

Por ejemplo, la identidad del tercer segmento del tórax, normalmente sin alas, está determinada por el gen *Ultrabithorax* (*Ubx*). Si este gen muta y pierde su función, el tercer segmento se comportará erróneamente como un segundo segmento y, en consecuencia, desarrollará un par de alas extra. Esta es la explicación de la asombrosa mosca mutante con dos pares de alas.

Pero de momento no podemos volver a tus vértebras, porque te esperan más sorpresas. La siguiente fue la comprobación de que ese complejo de genes *Hox*, alineado a lo largo de un cromosoma, estaba presente en todos los animales bilaterales, y se expresaba en un orden concreto a lo largo del eje anteroposterior (Figura 8).

¿Y nosotros? ¿También tenemos ese complejo de genes *Hox*? Pues la verdad es que sí. Es más, tenemos no uno, sino cuatro complejos de genes *Hox* en cuatro cromosomas diferentes. Esto se debe a algo que probablemente no conozcas, y es que en el origen de los vertebrados el genoma ancestral se duplicó dos veces, produciendo cuatro copias potenciales de cada gen. Los antepasados de los vertebrados contaban con 13 genes en el complejo *Hox*. Tras dos duplicaciones, deberían haber surgido 52 genes *Hox* ($13 \times 2 \times 2$), pero con el tiempo algunos de ellos se han ido perdiendo. A pesar de eso, los humanos todavía tenemos 39 genes distribuidos entre cuatro complejos *Hox*. Cada complejo se nombra con

---

[27] Este es un término muy importante. Decimos que un gen se expresa cuando se activa y produce un mensajero que luego se traduce en una proteína determinada.

[28] Todos ellos codifican proteínas que poseen una región muy conservada en la evolución de los animales, precisamente la región que interacciona con el ADN. Esta secuencia se denominó «homeobox» y de ahí el nombre de los genes *Hox*.

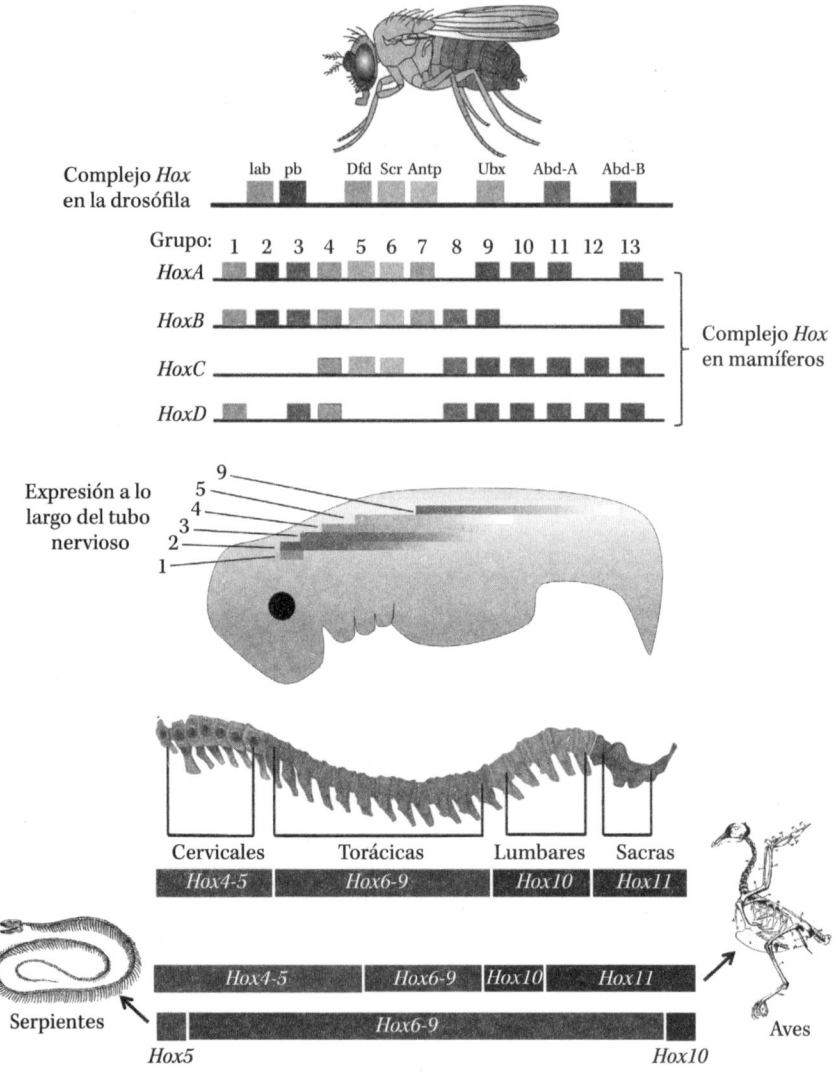

Figura 8. Arriba vemos un esquema de cómo los genes del complejo *Hox* se colocan a lo largo de un cromosoma en la drosófila, y a lo largo de cuatro cromosomas en los mamíferos. El orden en el que se expresan los genes del complejo a lo largo del eje corporal es el mismo en el que están dispuestos en los cromosomas, y este mecanismo se conserva durante la evolución. Esto permite regular la identidad de distintas regiones corporales, entre ellas, las de la columna vertebral. Las variaciones en los límites de la expresión de los genes causan cambios en la longitud de estas regiones. De esta forma se alargan las regiones cervical y sacra de las aves, o se expande la región torácica de las serpientes, dotada de costillas.

una letra (A, B, C, D) y dentro de ellos cada gen tiene un número, del 1 (más anterior) al 13 (más posterior) (Figura 8).

Los genes *Hox* se expresaron de forma ordenada en tu embrión a lo largo de su eje anteroposterior, exactamente como ocurre en la larva de la drosófila, y determinaron la identidad de varias regiones. Por ejemplo, los diferentes dominios de tu encéfalo posterior y tu médula espinal. Y también la identidad de las barras branquiales. De hecho, los genes *Hox* controlan el desarrollo diferencial del arco mandibular, del hioideo y del resto de arcos branquiales.[29] Igualmente, controlan el de otras partes de tu cuerpo que veremos más adelante.

Recapitulemos. Los genes *Hox* surgieron en la evolución de los animales como un mecanismo para controlar la organización del eje anteroposterior. Pues bien, son esos genes, y en concreto las fronteras espaciales de sus dominios embrionarios de expresión, los que determinan la identidad de tus vértebras, si van a ser cervicales (expresan *Hox4-5*), torácicas (*Hox6-9*), lumbares (*Hox10*) o sacras (*Hox11*). En los mamíferos esas fronteras están bien definidas, y por eso la variabilidad en el número de vértebras es pequeña. Sin embargo, en otros animales, como las aves, las fronteras son móviles, causando grandes diferencias entre las regiones. Ahora puedes comprender (y lo verás en la Figura 8) qué mecanismo hizo que los gansos tuvieran tantas vértebras en su largo y flexible cuello (extenso dominio de expresión de genes *Hox4-5*), o por qué las serpientes tienen tantísimas vértebras torácicas articuladas con costillas (dominio *Hox6-9* a lo largo de casi todo el cuerpo).

---

[29]   Un ejemplo espectacular de esto es la mutación del gen *HoxA2* en el ratón. Este gen regula la identidad del arco hioideo. Al estar mutado y no funcionar, el arco hioideo «se cree» que es un arco mandibular y se comporta como tal. ¿Resultado? No se forma estribo (derivado del arco hioideo) pero se forman dos yunques y dos martillos en cada oído (derivados del arco mandibular).

Para saber más

- Garrido Bautista, J., «La evolución de los genes *Hox*», *El pulgar del panda*, 2018. https://www.elpulgardelpanda.com/la-evolucion-de-los-genes-hox/
- Garrido Bautista, J., «¿Qué son los genes *Hox*?», *El pulgar del panda*, 2018. https://www.elpulgardelpanda.com/que-son-los-genes-hox/
- Olivares, R. y Rojas M., «Esqueleto axial y apendicular de vertebrados», *Int J Morphol*, vol. 31, n.º 2, págs. 378-387, 2013. https://www.academia.edu/10762448/Esqueleto_Axial_y_Apendicular_de_Vertebrado

La larga travesía evolutiva de tus piernas... y tus brazos

Los vertebrados se originaron en el mar, y fueron diversificando sus diseños a lo largo de la era primaria, particularmente durante el periodo devónico. Salvo los ostracodermos, todos los demás peces contaban con dos pares de aletas laterales, pectorales y pélvicas. Estas aletas pares son muy útiles para la maniobra en el agua y por eso se conservan en la inmensa mayoría de los peces. Pero lo más importante para nuestra historia es que estas aletas adquirieron nuevas funciones cuando un grupo de peces de los que ya hemos hablado, los ripidistios, comenzaron a asomarse al medio terrestre y a intentar arrastrarse por él, precisamente durante el Devónico.

¿Qué llevó a unos peces a emprender esta exploración, que daría lugar a los primeros anfibios? Existían muchos incentivos. Los insectos y otros artrópodos habían comenzado ya a proliferar en la Tierra, convirtiéndose en una rica fuente de alimento. No existían depredadores, y la capa de ozono ya filtraba los rayos ultravioleta. Por otro lado, la desecación de lagunas o ríos, hábitat natural de los ripidistios, era letal para los peces incapaces de desplazarse por la tierra para buscar otros medios acuáticos. Muy probablemente los ripidistios tenían pulmones, igual que los actuales peces pulmonados, una estupenda ventaja cuando no hay constancia de que el oxígeno disuelto en el agua está siempre disponible.

Más adelante hablaremos de los pulmones, lo que nos interesa ahora es cómo las aletas de los ripidistios terminaron formando las patas de los anfibios, iniciando un largo camino que llevó hasta tus brazos y tus piernas.

¿Cómo convertir una aleta en una pata?

Los ripidistios, igual que el celacanto o los peces pulmonados que han llegado hasta nuestros días, tenían huesos dentro de las aletas pectorales y pélvicas.[30] Estos huesos estaban dispuestos de una forma precisa, uno más pegado al cuerpo, luego dos, y luego varios más, a los que se unen los radios de las aletas (Figura 9). ¿Te suena? Sí, en tus brazos y piernas hay un primer hueso (húmero y fémur, respectivamente), luego dos (cúbito/radio y tibia/peroné), y luego otros huesos más pequeños en muñecas y tobillos, para acabar en los cinco dedos. Es decir, el esquema básico de las patas, con sus codos y rodillas, ya puede reconocerse en las aletas de los antepasados de los anfibios. Los dedos sí son una novedad y se desarrollaron en los anfibios, por mecanismos genéticos complejos que veremos más adelante. A continuación, trataré tres cuestiones que pueden resultarte curiosas. ¿Cómo se controla la

---

[30] Esto no sucede en la inmensa mayoría de los peces óseos actuales, cuyas aletas están formadas por radios. Por eso se denominan actinopterigios (del griego *aktinos*, 'radio' o 'rayo', y *pterygion*, 'ala' o 'aleta').

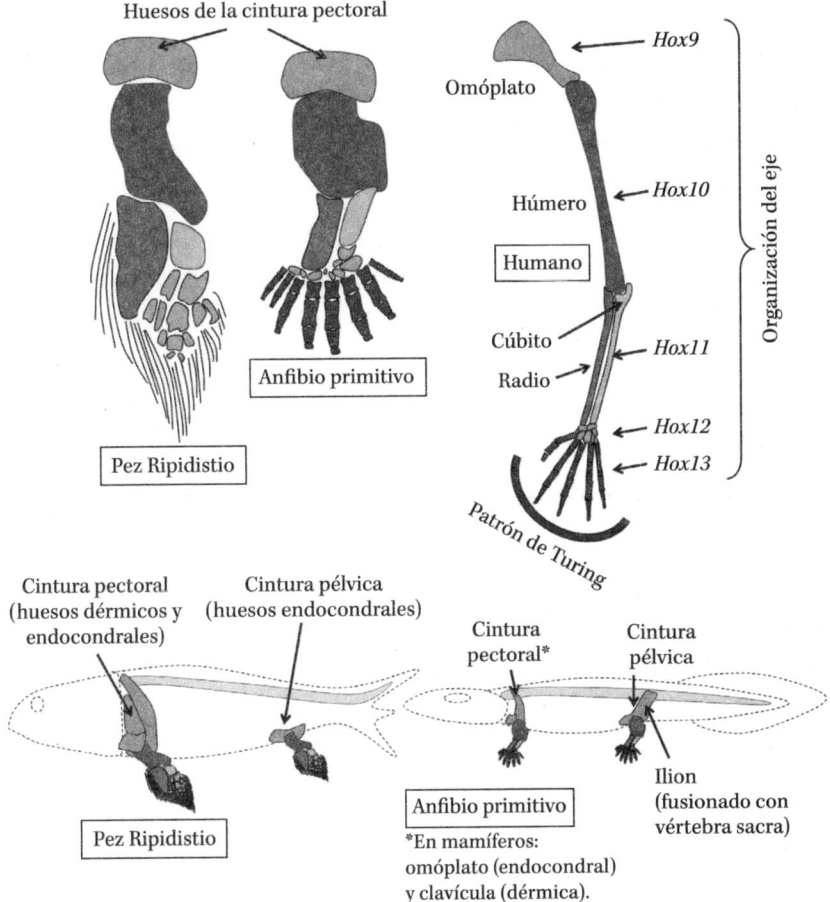

Huesos de la cintura pectoral

Omóplato

Humano

Cúbito

Radio

Anfibio primitivo

Pez Ripidistio

Hox9

Húmero

Hox10

Hox11

Hox12

Hox13

Organización del eje

Patrón de Turing

Cintura pectoral (huesos dérmicos y endocondrales)

Cintura pélvica (huesos endocondrales)

Cintura pectoral*

Cintura pélvica

Pez Ripidistio

Anfibio primitivo

*En mamíferos: omóplato (endocondral) y clavícula (dérmica).

Ilion (fusionado con vértebra sacra)

Figura 9. En el esquema superior vemos la correspondencia entre los elementos esqueléticos de las aletas de los ripidistios y las patas de los tetrápodos más primitivos. Nuestro brazo se añade también a esta comparación. Verás cómo se ha mantenido su organización, regulada por la expresión de genes del complejo *Hox*. El patrón de los dedos se regula por un mecanismo de Turing, como explico en el texto. Abajo: Los ripidistios, peces que vivieron en el periodo devónico, son los parientes más cercanos de los tetrápodos. Nos aprovechamos de su cintura pectoral para conectar las patas anteriores al tronco, pero tuvimos que desarrollar un elemento nuevo, el ilion, fusionado con las vértebras sacras, para sostener las patas posteriores.

organización de los brazos y las piernas? ¿Por qué tenemos cinco dedos? ¿Cómo se forman?

Para organizar correctamente un brazo o una pierna, es necesario que las células embrionarias sepan dónde están exactamente para decidir qué es lo que tienen que hacer. No es lo mismo estar cerca del hombro y hacer un húmero, que estar más lejos para desarrollar un cúbito y un radio, o los huesos de la muñeca. Recuerda, ¿qué sistema hemos visto que controla el desarrollo a lo largo de un eje? Exacto, los genes *Hox*, que dirigen la organización de las regiones de la columna vertebral. Pues, ¡sorpresa!, los mismos genes *Hox* fueron reclutados para controlar la formación de los brazos y las piernas a lo largo de su eje. Creo que esto merece una explicación más detallada.

En el primer capítulo te expliqué que la mayor parte de nuestros genes se dedica a que las células funcionen, y solo una fracción de los mismos se encarga de construir nuestro cuerpo a lo largo del desarrollo embrionario. Este conjunto de genes que regula el desarrollo se ha denominado «la caja de herramientas genética», ya que son comparables a las herramientas con las que se construye cualquier aparato. De la misma forma que un destornillador se puede aplicar en diferentes momentos de la construcción, los genes de la caja de herramientas genética pueden utilizarse una y otra vez para diferentes procesos de desarrollo. Volveremos a tratar este importante concepto en el epílogo. Lo que nos interesa ahora es que las patas, en su evolución, recurrieron al eficaz sistema de organización del eje corporal para controlar la formación de sus diferentes partes. Curiosamente, solo utilizaron los más posteriores de los complejos *Hox*.

Para que te hagas una idea, los grupos *Hox9, 10, 11, 12* y *13* controlan la formación, respectivamente, de tu omóplato, tu húmero, tu cúbito/radio, tus metacarpianos y tus dedos (Figura 9). Esto es tan crítico que, por ejemplo, se han inducido mutaciones en el grupo *11* en ratones, lo que ha provocado la ausencia de cúbito y radio y que las manos salgan directamente del húmero. En los humanos, la malformación conocida como simpolidactilia (fusión y aumento o disminución del número de dedos) está causada por mutaciones del gen *HoxD13*, que controla la correcta formación de los dedos.

Estos genes de los complejos *Hox* controlan la organización no solo de tus brazos y piernas sino de los miembros de todos los tetrápodos, sean anfibios, reptiles, aves o mamíferos. A pesar de este mecanismo común, el número de dedos puede ser muy diferente. Nosotros tenemos cinco dedos en las manos y en los pies. ¿Por qué?

La respuesta rápida sería por pura casualidad. No parece haber una razón especial para que los cinco dedos fueran la opción prevalente entre las posibilidades que exhibieron durante el Devónico los primeros anfibios, que tenían entre cinco y ocho dedos en cada pata. Tenga o no ventajas, el patrón de cinco dedos fue el que se extendió en los anfibios primitivos[31] y el que adoptaron los reptiles desde su origen. A partir de ahí el número se ha mantenido en muchos animales, como en nuestro caso. No obstante, la reducción en el número de dedos también ha sido muy frecuente. Un ejemplo son las alas de las aves, que tienen solo dos dedos más otro vestigial, o los ungulados, es decir, los mamíferos que andan sobre los dedos. Un caso extremo es el caballo, que camina sobre un solo dedo, concretamente el tercero. En cambio, nunca ha habido un auténtico aumento del número de dedos. Aunque

---

[31] Curiosamente, los anfibios actuales tienen cuatro dedos en las patas anteriores y cinco en las posteriores.

a veces se menciona el sexto dedo, como ocurre con el pulgar del panda, se trata de la transformación de uno de los elementos de la muñeca. Así que tu número de cinco dedos en manos y pies parece ser un estándar en el diseño del miembro de los tetrápodos.

Cabe la posibilidad de que ese número mágico de cinco dedos esté vinculado con el propio proceso de su desarrollo embrionario. En tu embrión, brazos y piernas comenzaron a formarse como una especie de muñones llenos de células. A medida que crecían, estos muñones fueron organizándose en las diferentes regiones de los brazos y de las piernas bajo el control, como ya hemos visto, de los genes *Hox* de los grupos *9* a *13*. Las células se fueron condensando para formar los cartílagos de los diferentes elementos, húmero, fémur, etcétera. De los músculos nos ocuparemos más tarde, ya que no hemos llegado a eso todavía. Lo que nos interesa es lo que sucede en el extremo de estas patitas, donde se van a formar tus dedos.

Seguro que has oído hablar del gran matemático británico Alan Turing (1912-1954). Turing creó los fundamentos teóricos de la computación y diseñó la máquina que permitió descifrar la máquina Enigma de los alemanes. Sobre eso trata la estupenda película *Descifrando Enigma*. Mucho menos conocida, pero igualmente trascendental, es su aportación a la biología. En 1952 publicó un fascinante artículo en el que demostraba cómo la interacción entre dos moléculas en un medio inicialmente homogéneo era capaz de generar patrones espaciales definidos, por ejemplo, bandas o lunares. Turing pensaba que el desarrollo de patrones biológicos, tales como las bandas de colores en los peces o las manchas de los leopardos, podía estar controlado por este sencillo mecanismo. Pues bien, actualmente se piensa que la forma en que las células se condensan en bandas regularmente espaciadas para dar lugar a los dedos responde a un mecanismo de Turing. Puede ser que el número cinco esté relacionado con el espacio disponible para que las moléculas implicadas interaccionen entre sí, de forma que no hay más dedos porque... ¡no hay más sitio!

No voy a cansarte con los detalles precisos de este mecanismo o las moléculas que interaccionan para formar los dedos. Tienes más información al final del capítulo. Sí me gustaría acabar este apartado explicándote que las células que quedan entre los dedos en formación reciben una señal para «suicidarse», es decir para morir y dejar huecos entre los dedos definitivos. Este proceso se llama apoptosis y es muy importante en el desarrollo. Aquí te contaré una curiosidad para acabar, ese proceso de apoptosis entre los dedos se halla inhibido en las patas de algunas especies de aves. Sí, lo has adivinado, este es el origen de las patas palmípedas de patos y cisnes.

Conectar las patas con el cuerpo

Los vertebrados, en su asalto al medio terrestre, adquirieron patas transformando sus aletas de la forma que hemos visto. Sin embargo, el problema de caminar por la Tierra no quedó resuelto con esa adquisición. Los primeros anfibios se enfrentaban a una nueva fuerza que sus antepasados peces ignoraban: la gravedad. El cuerpo que se apoya en las patas pesa, y además la fuerza que el impulso de las patas transmite al resto del cuerpo debe ser correctamente dirigida.

La solución a este problema de ingeniería consistió en conectar las patas a la viga maestra, la columna vertebral, mediante unas estructuras esqueléticas llamadas cinturas. Sí, estrictamente hablando, la cintura no es lo que tú piensas. Tienes dos cinturas, pectoral y pélvica, y están constituidas por todos los elementos de tu esqueleto situados entre los brazos, las piernas y la columna vertebral.

Si las patas derivaron de las aletas de los peces, ¿tenían estos animales unas cinturas que nosotros hayamos heredado? Pues, en parte, sí. Es curioso que las patas anteriores y posteriores se parezcan mucho en su organización básica, mientras que las cinturas son tan distintas. Esto se debe a que su historia es diferente.

Volvamos a los peces más primitivos y a su caparazón de hueso dérmico. Como ya te he explicado, el desarrollo de las mandíbulas provocó una fuerte reducción del caparazón óseo en el tronco y la cola, quedando reducido a escamas. Las aletas pares, pectorales y pélvicas, no se aprovecharon de esta reducción de la misma forma. Las pélvicas, situadas entre el tronco y la cola, quedaron unidas a unos pequeños huesos endocondrales, rodeados de tejidos blandos y sin conexión con el resto del cuerpo. Esto nunca fue un problema, ya que las aletas pélvicas de los peces siempre son más pequeñas y trabajan menos que las pectorales.

Las aletas pectorales de los peces sí que intervienen en la maniobra y, en ocasiones, están muy desarrolladas. Por tanto, sus cinturas deben estarlo también. Estas aletas sí supieron aprovechar el caparazón dérmico en retroceso y, aparte de sus propios huesos endocondrales, se conectaron a varios huesos dérmicos que se extendían por los flancos del animal, asegurando su sujeción (Figura 9).

En estas condiciones llegaron los primeros anfibios a tierra firme. Las patas posteriores tenían un auténtico problema con su reducida cintura endocondral, sin posibilidad de recurrir a huesos dérmicos. En estos casos extremos, la evolución hace una cosa muy poco habitual. Inventa algo nuevo. El ilion, un hueso exclusivo de los vertebrados tetrápodos, conectó la cintura pélvica endocondral con una vértebra, a la cual quedó fusionada (Figura 9). Esta es la vértebra sacra, que es única en los anfibios, aunque luego el número de vértebras sacras, fusionadas al ilion, aumentó en otros animales para reforzar mejor la unión. Así llegaste tú a tener cinco vértebras sacras. Las patas posteriores quedaron perfectamente conectadas con la columna vertebral gracias a la pelvis, formada por el novedoso ilion, además del isquion y el pubis, huesos derivados de la cintura pélvica original de los peces.

Las patas anteriores no tienen los mismos problemas, dado el gran número de huesos endocondrales y dérmicos que las unieron con el cuerpo desde el principio. De hecho, no fue necesaria la fusión de la cintura pectoral con las vértebras, ya que estaba sólidamente unida al tronco por ligamentos y músculos. Por eso no tienes el equivalente a las vértebras sacras en conexión con la cintura pectoral. Una cosa más, de todo el complicado conjunto ancestral de huesos de la cintura pectoral de los primeros anfibios, en tu cuerpo solo permanecen dos. Uno es endocondral (el omóplato) y otro dérmico. Este último, derivado del caparazón ancestral de los peces, es el único hueso dérmico que tenemos fuera de la cabeza. Su condición de hueso dérmico queda patente cuando lo tocas, justo debajo de la piel. Exacto, lo has adivinado, es tu clavícula.

Cómo disponer las patas
(con curiosas consecuencias para tus piernas)

Ya tenemos patas y cinturas, pero todavía nos queda algo que tratar. Algo tan importante que, de alguna forma, ha condicionado la evolución de los tetrápodos y su forma de moverse por la Tierra. Tan importante que va a explicar por qué puedes rotar las manos para abrir o cerrar un grifo. Tan importante que me va a permitir explicarte un aspecto sorprendente de tus piernas. El que estén dispuestas... al revés.

Me explico, comprueba por favor cuál es la parte dorsal de tus piernas. Exacto, esa en la que apoyas la bandeja para tomarte un bocadillo. ¿Y la parte ventral? Esa sobre la que te sientas antes de apoyar la bandeja. ¿No hay algo que te llama la atención? Resulta que la parte dorsal de la pierna está mirando en la misma dirección que la parte ventral del tronco. Dicho de otra forma, lo que es dorsal y ventral en tu tronco y en tus piernas está invertido. Por eso digo que tus piernas están puestas al revés.

La historia que condujo a este resultado merece una larga explicación, que espero que sea amena. Esta historia, resumida en la Figura 10, comienza justo con la transición de la aleta a la pata. Recuerda, tenemos un segmento pegado al cuerpo (húmero o fémur), otro intermedio (cúbito/radio o tibia/peroné) y otro distal (manos o pies). El problema inicial del diseño tetrápodo es que el segmento más pegado al cuerpo se dirige a los lados, igual que lo hacen las aletas de los peces. En principio, no hay problemas, el anfibio usa sus codos y rodillas y envía hacia el suelo el segundo segmento, para apoyar las manos y los pies en la tierra. El problema que se plantea es la gravedad. Prueba a hacer las típicas flexiones en el suelo con los brazos hacia los lados, los codos alejados del cuerpo y el antebrazo hacia el suelo, como si fueras un anfibio primitivo. Sin duda, harás muchas más de las que puedo hacer yo, pero al cabo de un rato acabarás por cansarte. Pues imagínate ese pobre anfibio teniendo que estar todo el tiempo sosteniendo el cuerpo con las patas hacia los lados.

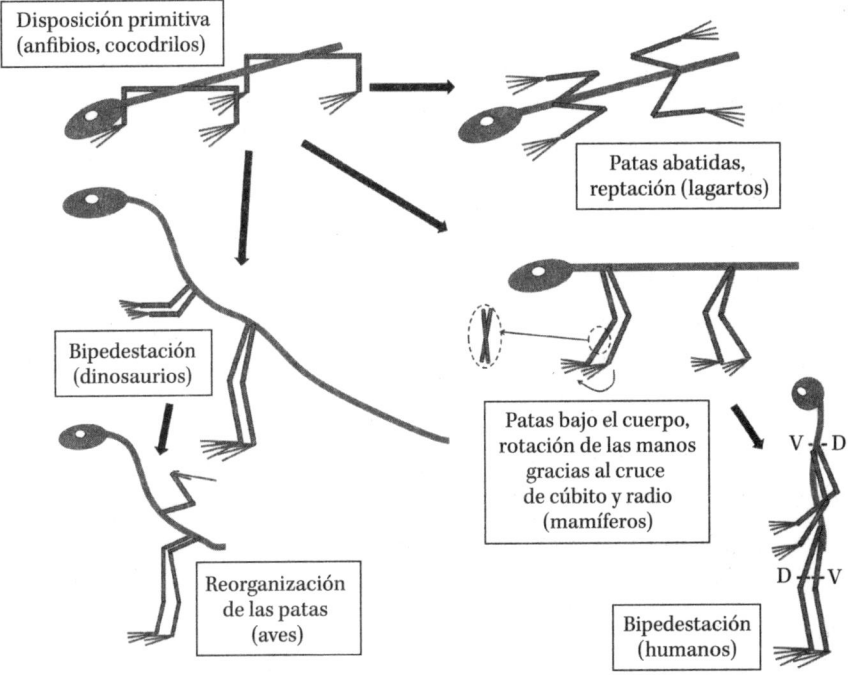

Figura 10. Esquema sobre la evolución de la disposición de las patas en los tetrápodos. En los primeros anfibios, el húmero y el fémur se disponían perpendicularmente al eje corporal. Esta disposición dificultaba la marcha, y solamente se ha mantenido en tetrápodos muy ligados al agua (anfibios urodelos, cocodrilos). En los lagartos, las patas se abaten sobre el suelo, con los codos hacia atrás y las rodillas hacia delante. El movimiento de las patas posteriores impulsa el cuerpo hacia delante, aunque no queda más remedio que arrastrarse por el suelo. Los arcosaurios (dinosaurios y aves) tienen una gran tendencia a la bipedestación, cargando el peso sobre las patas posteriores. La reducción de la cola en las aves obliga al fémur a dirigirse hacia delante, buscando el centro de gravedad. Por eso, la tibia tiene que adoptar el papel del fémur (el falso muslo de pollo). Por fin, la solución de los mamíferos es disponer las patas bajo el cuerpo, con codos hacia atrás y rodillas hacia delante. Esto obliga a la rotación del antebrazo para que las manos queden hacia delante. Finalmente, nuestra bipedestación causa que la orientación de las piernas esté invertida con respecto al tronco.

Se trata de un problema fundamental de diseño de las patas, un problema que ha sido paliado o solucionado de diferentes formas en los tetrápodos. Entre los anfibios, las ranas saltan con sus patas posteriores, y las salamandras y los tritones pasan su vida en el agua. Los reptiles fueron más imaginativos a la hora de buscar soluciones. Las tortugas desarrollaron un caparazón. Si no podemos correr, se debieron decir, busquemos una defensa pasiva. Los cocodrilos mantuvieron la ineficiente disposición primitiva, pero casi siempre están en el agua, así que les importa poco. Los lagartos y sus parientes fueron muy prácticos, echaron los codos hacia atrás, las rodillas hacia delante y dejaron caer la barriga hasta el suelo. Al sacudir las patas posteriores son capaces de arrastrarse sobre el vientre, y esto da nombre a los reptiles (la mayoría de los cuales no repta, por cierto).

Los dinosaurios tendieron a hacerse bípedos y cargaron el peso sobre las patas posteriores.[32] Como consecuencia, las patas anteriores quedaron infrautilizadas, y la evolución sacó mucho partido de esta circunstancia. No en vano, los pterosaurios y las aves derivan de los dinosaurios bípedos. Eso sí, la necesidad de reducir el peso en las aves les llevó a prescindir de la gruesa cola de los dinosaurios. Esto implicaba que el centro de gravedad corporal se desplazara hacia delante y amenazara el equilibrio. Las aves, de forma ingeniosa, llevaron el fémur hacia delante, buscando ese centro de gravedad, en lugar de hacia abajo. Como consecuencia, la tibia desempeña el papel del fémur, y los metatarsianos se fusionan para sustituir a la tibia. Ahora podrás entender por qué está mal dicho lo del «muslo de pollo» (en realidad, la pantorrilla)

---

[32] Más tarde, algunos grupos regresaron la locomoción sobre cuatro patas, de forma parecida a la que explicamos para los mamíferos. Entre ellos están los más grandes dinosaurios, como el *Diplodocus*.

y por qué hay un «contramuslo» (que es el auténtico muslo, cubriendo el fémur).

Lo que más nos interesa es lo que hicieron los mamíferos. La idea fue genial porque pusieron los codos hacia atrás, las rodillas hacia delante, pero manteniendo las patas bajo el cuerpo. Y así el tronco quedó sostenido por las cuatro patas. ¿Problema resuelto? Todavía no. Prueba a echar el codo hacia atrás, mientras lo tienes pegado al costado de tu cuerpo. ¿Hacia dónde miran los dedos de la mano? Pues sí, miran hacia atrás y eso no es conveniente si queremos utilizar las patas anteriores para caminar. Sin embargo, hay una solución, ¿no tenemos cúbito y radio? Pues los cruzamos para rotar la mano y dirigirla hacia delante. Esta es la razón de que en las patas anteriores de los mamíferos sean necesarios siempre un cúbito y un radio que se crucen para orientar las manos hacia delante. En el caso de los pies esto no es necesario, cuando la rodilla gira para disponerse bajo el cuerpo el pie queda de forma natural dirigido hacia delante. Por eso no hacen falta dos huesos. La tibia suele ser predominante, el peroné se reduce mucho o se fusiona con la tibia, y el pie no tiene la capacidad de rotar que tiene la mano.

La disposición de las piernas debajo del cuerpo, con las rodillas hacia delante, hace que la parte dorsal del muslo mire hacia arriba, igual que lo hace el dorso del animal. Pero, ¿qué pasa si adoptamos la posición bípeda? En efecto, el muslo sigue mirando hacia delante, pero la espalda lo hace en dirección contraria. Ahí está la explicación de que tus piernas y tu tronco estén orientados en direcciones contrarias, una primera rotación de las piernas hacia delante y hacia dentro (en los mamíferos) y una segunda rotación del tronco para adoptar la posición bípeda (en humanos). Sorprendente, ¿no?

Para saber más

- Olivares, R. y Rojas M., «Esqueleto axial y apendicular de vertebrados», *Int J Morphol*, vol. 31, n. º 2, págs. 378-387, 2013. https://www.academia.edu/10762448/Esqueleto_Axial_y_Apendicular_de_Vertebrado
- Reguart, J., *La biografía de la vida, 32. El Devónico: los tetrápodos conquistan la tierra.* https://eltamiz.com/elcedazo/2014/06/14/la-biografia-de-la-vida-32-el-devonico-los-tetrapodos-conquistan-la-tierra/
- Ros, M., «El control genético de la formación de los dedos», *SEBBM – Ciencia para todos.* https://sebbm.es/acercate-a/el-control-genetico-de-la-formacion-de-los-dedos/

Mueve el esqueleto

Sé que es una expresión rancia y muy pasada de moda, pero me viene como anillo al dedo para presentar este capítulo. Nos ocuparemos de la historia de los músculos que mueven tu esqueleto, y que por eso reciben el nombre de músculos esqueléticos. No hablaremos por tanto de la musculatura del tubo digestivo o de los vasos sanguíneos, ni tampoco del músculo cardiaco. Sí repasaremos algo los músculos ya vistos en el capítulo «La herencia branquial, mucho más que huesos», aquellos que derivan de los arcos branquiales y que te permiten masticar, tragar, hablar o cambiar tus expresiones faciales. Ahora podremos tratar su origen evolutivo en el contexto de todo el sistema muscular. Pero sobre todo nos ocuparemos de los músculos esqueléticos que, teniendo orígenes muy diferentes, han terminado por organizarse para que puedas andar, nadar, manipular cosas, bailar e incluso respirar.

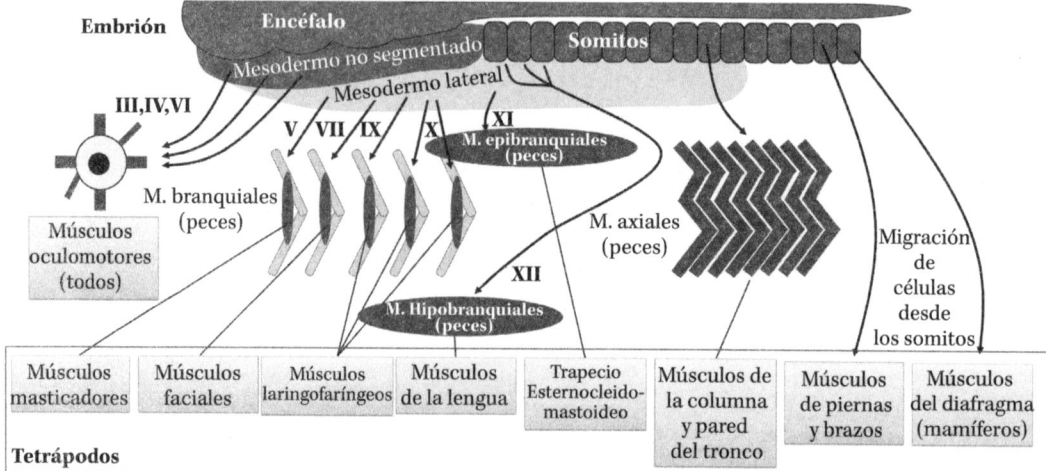

Figura 11. Origen de tus músculos esqueléticos. Este esquema combina información embrionaria y evolutiva. Dos porciones diferentes del mesodermo cefálico embrionario originan los músculos oculomotores y los músculos branquiales. Los hipobranquiales derivan de los somitos más anteriores, mientras que los epibranquiales derivan del mesodermo lateral de la parte posterior de la cabeza. Los nervios craneales correspondientes a cada grupo de músculos se representan con números romanos. Los demás somitos forman la musculatura axial, predominante en los peces. En las cajas inferiores se muestran los músculos de los tetrápodos (diafragma solo en los mamíferos) y su origen evolutivo/embrionario.

No es lo mismo comer pescado que ternera

Yo prefiero el pescado. Pero no se trata ahora de gustos culinarios. La historia de tus músculos esqueléticos es muy llamativa, ya que volvemos a encontrarnos con la reorganización radical que supuso el paso de la vida acuática original de los vertebrados a la vida terrestre. Esta reorganización fue tan irreversible que cuando los vertebrados terrestres han vuelto al medio acuático (cetáceos, focas, nutrias…) su natación ha sido completamente diferente a la de los peces. En efecto, los peces mueven el cuerpo de izquierda a derecha, y los mamíferos acuáticos que he mencionado lo mueven de arriba abajo. Ahora sabremos por qué.

Cuando hablábamos de la notocorda, esa varilla rígida característica de los cordados que en los vertebrados fue sustituida progresivamente por las vértebras, dijimos que su función era la de oponerse a la contracción de los músculos dispuestos lateralmente a lo largo del cuerpo. De esta forma se generan ondas laterales que empujan el agua hacia atrás y, como consecuencia, desplazan el cuerpo hacia delante.

Los músculos laterales de los peces están primorosamente dispuestos en paquetes en forma de W. Los puedes ver en un pescado asado, o en un salmón, si le quitas la piel. Estos paquetes derivan de unos grupos de células mesodérmicas que se forman a los lados de los embriones de todos los vertebrados y que se denominan somitos.[33] Sin duda, este fue un importante componente de tu embrión. Los somitos dan lugar a estructuras repetitivas a lo largo del cuerpo (músculos laterales, costillas y vértebras), y también se encargan de forrar la piel por dentro, originando la dermis.

En la cabeza de los vertebrados, el mesodermo más próximo a la notocorda y el que está por delante de ella no se organiza en somitos independientes. Este mesodermo, el más anterior del cuerpo, originará esos musculitos que no paras de mover mientras estás leyendo esto. Me refiero por supuesto a los músculos oculomotores, seis por cada ojo, que están inervados por los nervios craneales III, IV y VI.[34] El mesodermo, situado más hacia los lados de la cabeza, es

---

[33] La organización de partes del embrión en divisiones similares a lo largo del cuerpo se denomina metamería. Son metaméricos los artrópodos, los gusanos anélidos y también los vertebrados, en lo que se refiere a los somitos. La metamería tiene una gran ventaja evolutiva, la posibilidad de especializar diferentes segmentos en diferentes funciones. La metamería ha sido eficientemente explotada por los artrópodos, y esta es una de las principales causas de su éxito evolutivo.

[34] Nervios llamados motor ocular común, patético y motor ocular externo, respectivamente.

el que origina los músculos branquiales, inervados por los nervios craneales V, VII, IX y X.[35] Como ya dijimos en el capítulo «La herencia branquial, mucho más que huesos», estos músculos se encargan de la masticación (arco mandibular), la expresión facial (arco hioideo) y los movimientos de la faringe y la laringe (demás arcos branquiales). A partir de ese nivel ya tenemos los primeros somitos, situados en la parte más posterior de la cabeza. Los músculos derivados de estos somitos son los de la lengua, inervados por el nervio XII (hipogloso). En los peces, la lengua no tiene músculos por lo que los somitos de la cabeza forman una musculatura especial debajo de las branquias. Hablando de gastronomía, las exquisitas *kokotxas* son precisamente esos músculos hipobranquiales de la merluza o del bacalao que en tu cuerpo constituyen la lengua. Por último, a los lados de estos somitos posteriores, el mesodermo lateral da lugar a los músculos de tu cuello, trapecio y esternocleidomastoideo, de los que hablaremos al final de esta sección.

En el tronco y la cola de los peces, como ya he mencionado anteriormente, los somitos forman paquetes en W, regularmente dispuestos a los lados de la columna vertebral. Esta es la llamada musculatura axial, justo la que comemos cuando cocinamos un pescado.

¿Qué sucedió con la musculatura axial, nadadora, cuando se produjo la colonización del medio terrestre? Pues que tuvo que batirse en retirada, por la gran preponderancia que adquirieron los músculos de las extremidades (la musculatura apendicular). En los anfibios con cola (salamandras y tritones) la axial sigue siendo esencial para la movilidad, por el poco desarrollo de las patas. De hecho, estos animales nadan como los peces, con ondulaciones laterales del cuerpo. También se mantiene la musculatura

---

[35] Trigémino, facial, glosofaríngeo y vago, respectivamente.

axial en la cola de los reptiles. Por ejemplo, los cocodrilos y las iguanas marinas desarrollan mucho estos músculos para nadar.

En las aves y en los mamíferos la función de la musculatura axial se restringe a mantener estable y a mover la columna vertebral. También forma parte de las paredes del tronco y rodea las vísceras. Un ejemplo es el músculo recto abdominal (la célebre «tableta de chocolate») que con el paso de los años tiende a hacerse más curvo que recto, dejando de hacer honor a su nombre.

Otros músculos axiales, por su inserción en las costillas, se dedican a expandir y contraer la caja torácica, participando en la respiración. ¿Quiere decir esto que cuando respiras se debe a la musculatura axial que has heredado de los peces? Sí, pero solo en parte. Como veremos en el próximo capítulo, la respiración en reposo se debe sobre todo a la contracción del diafragma, cuya musculatura tiene un origen un poco diferente. Si haces ejercicio y necesitas mucho oxígeno, se pone en marcha el plan B de ventilación pulmonar, en el que intervienen esos músculos axiales situados entre las costillas.

Antes de que tratemos la musculatura apendicular, te hablaré de dos importantes músculos de tu cuerpo cuyo origen evolutivo sigue siendo un tanto incierto. No parecen derivar de somitos, como los músculos axiales. Como antes he dicho, se forman a partir del mesodermo situado a los lados de la parte posterior de la cabeza embrionaria. Es probable que originalmente tuvieran su función en la elevación de las branquias, además de conectar estas con la cintura pectoral.[36] Ahora los usas para decir que sí y

---

[36] Estos dos músculos (esternocleidomastoideo y trapecio) están inervados por el nervio craneal XI (accesorio o espinal). Habrás notado que no hemos mencionado los nervios craneales I, II y VIII. Son el olfatorio, el óptico y el auditivo, encargados de trasladar al encéfalo la información de los tres grandes sistemas sensoriales. Como ya he dicho antes, el I y el II son en realidad conexiones o tractos entre áreas del encéfalo.

que no, moviendo la cabeza, incluso para encogerte de hombros. Mírate en un espejo y mueve la cabeza hacia un lado. Verás cómo en el lado contrario del cuello se marca un músculo que va de tu oreja al esternón. Es un músculo tan largo como su nombre, el esternocleidomastoideo. Este divertido término te recuerda dónde se inserta, el esternón, la clavícula y la apófisis mastoides del cráneo, ese saliente duro que puedes tocar detrás de tu oreja. Al contraerse gira la cabeza hacia los lados o hacia abajo.

El otro músculo posiblemente relacionado con las branquias de los peces es el trapecio, un gran músculo de tu cuello y espalda, el que usas para levantar los hombros o echar hacia atrás la cabeza. El trapecio se inserta en la parte occipital del cráneo, el omóplato, la clavícula y buena parte de las vértebras de la espalda. Recuerda del capítulo anterior que la cintura pectoral no se fusiona con las vértebras como hace la pélvica, sino que se conecta con el tronco mediante los ligamentos y los músculos. El trapecio es uno de los músculos principales que participan en esta conexión. Otra curiosidad, el trapecio es un músculo muy sensible a las situaciones de estrés, tiende a contraerse, y por eso un buen masaje detrás del cuello resulta de lo más relajante.

Los músculos que desafiaron a los axiales (y ganaron)

Hemos visto que en tu cuerpo los músculos axiales, que tan importantes son para los peces, desempeñan un papel secundario, aunque siguen siendo necesarios para mantener erguida tu columna vertebral. Pero la mayor parte de tu musculatura es apendicular. En efecto, a partir de los reptiles la musculatura de las extremidades fue adquiriendo importancia hasta el punto de extenderse por el tronco y formar una parte importante de la musculatura del cuerpo en las aves y los mamíferos, como hemos mencionado antes. De hecho, cuando comes pechuga de pollo, solomillo de ternera o secreto de cerdo ibérico, estás comiendo musculatura apendicular,[37] aunque esos músculos se localicen en el tronco. En cambio, si comes lomo, falda o costilla, se trata sobre todo de musculatura axial.

¿Cómo se forma la musculatura de tus brazos y piernas? De nuevo, la evolución mostró una gran capacidad de improvisación para solucionar los problemas que iban surgiendo. Hemos dicho que los somitos embrionarios forman los paquetes de la musculatura axial. Esto significa que sus células tienen el potencial de originar músculo, además de vértebras y dermis. Pues bien, cuando las aletas pares aparecieron en los peces primitivos, se produjo una migración de grupitos de células con potencial muscular hacia esas aletas. En los peces, los músculos que derivan de estas células y que mueven las aletas no suelen ser muy importantes. Eso sí, a partir de los anfibios, la necesidad de migración de las células desde los somitos a los esbozos de las patas se hizo cada vez mayor, y consecuentemente los músculos apendiculares crecieron más y más. Esto significa que tus músculos de las piernas y los brazos derivan, al igual que los axiales de los peces, de los somitos embrionarios. La diferencia esencial es que no se organizan en paquetes bien ordenados a lo largo del cuerpo.

La forma en que se disponen los músculos de tus brazos y piernas sigue manteniendo un patrón similar al que tienen en las aletas de los peces. La migración desde el somito a la aleta se produce siguiendo dos vías, dorsal y ventral a la aleta. De esta forma,

---

[37] Por si tienes curiosidad, estás comiendo músculos pectorales, psoas ilíaco y *latissimus dorsi*, respectivamente. Puedes mencionarlo en la próxima comida familiar. Éxito asegurado.

las aletas pares se mueven sobre todo de arriba abajo. La consecuencia de esto es que la musculatura de las patas se organiza en dos conjuntos principales, el dorsal y el ventral. Tus músculos dorsales, como el tríceps del brazo o el cuádriceps del muslo, son extensores. Los músculos ventrales, por ejemplo, el bíceps del brazo o el bíceps femoral, son flexores. Por supuesto, hay músculos que se cruzan entre ellos y producen un movimiento de rotación. Estos rotadores son muy importantes en el antebrazo de los mamíferos por la razón que ya vimos en el capítulo «La larga travesía evolutiva de tus piernas... y tus brazos», la necesidad de rotar las manos para que queden dirigidas hacia delante. Gracias a esto, tus manos pueden abrir y cerrar grifos, manejar un sacacorchos o enroscar bombillas, entre otras muchas posibilidades.

Terminamos este capítulo explicando por qué los peces y los mamíferos nadan de forma tan diferente. Es probable que ya lo hayas comprendido a estas alturas. Los peces tienen su musculatura axial dispuesta en paquetes a los lados del cuerpo, y sus contracciones generan ondas laterales. Los mamíferos acuáticos que no tienen patas posteriores, como los cetáceos (ballenas o delfines) y los sirénidos (manatíes), han perdido también la musculatura apendicular posterior.[38] Por esto, no les queda más remedio que recurrir a los músculos axiales que, recordemos, en los mamíferos se dedican sobre todo a estabilizar la columna vertebral. Sin embargo, estos músculos ya no forman paquetes laterales como en los peces y están dispuestos sobre todo por encima y por debajo de la columna. En los cetáceos y en los sirénidos se desarrollan muchísimo, y su contracción produce ondulaciones de la parte

---

[38] Los pinnípedos (focas y leones marinos) son un caso especial, porque mantienen sus patas posteriores fusionadas en una cola. Por ello despliegan muy diversas formas de nadar, que implican a los músculos axiales y a los apendiculares, tanto posteriores como anteriores.

posterior del cuerpo y de la cola en sentido dorsoventral. Ya no hay vuelta atrás para recuperar la musculatura lateral de los peces, ni su forma de nadar. Por cierto, cuando nadas, salvo que lo hagas con el estilo braza, también lo haces moviendo las piernas y los brazos de arriba abajo, consecuencia directa de la disposición dorsal y ventral de tus músculos apendiculares.

Para saber más

- Hirasawa, T. y Kuratani S., «Evolution of the muscular system in tetrapod limbs», *Zoological Lett*, n.º 4, art. 27, 2018. https://doi.org/10.1186/s40851-018-0110-2

Es mejor no dejarse la piel

Cuando has tenido que esforzarte mucho en algo, es posible que hayas dicho aquello de «me dejaré la piel». Hay políticos a los que les encanta esta frase. Nunca dicen «me dejaré el hígado» o «me dejaré el riñón derecho», supongo que porque consideran ese sacrificio excesivo para alcanzar sus pretendidos logros. Quizá subestiman la importancia de su piel. Solo desde el punto de vista cuantitativo, ya tendríamos que reconocer esa importancia. Su peso está entre cuatro y cinco kilos, sin contar la grasa que hay debajo, a veces en cantidades poco saludables. Si la consideramos un órgano, sería el más pesado de todo tu organismo. Pero su trascendencia está sobre todo en las múltiples funciones que desempeña, más allá de un simple revestimiento. Te voy a contar la historia de la piel que recubre tu cuerpo. Y te aseguro que es de lo más interesante.

Tu piel tiene un doble origen

Antes de nada, hay que aclarar que nuestra piel está formada por dos componentes con orígenes muy diferentes. El ectodermo, la capa embrionaria más superficial, da lugar a la epidermis. Recuerda que se trata del mismo elemento que origina el sistema nervioso y la cresta neural. La dermis deriva, en cambio, del mesodermo, más concretamente de esos somitos que vimos en el capítulo anterior y que, además de originar los músculos y las vértebras, se extienden por el interior del ectodermo tapizándolo eficazmente. Esta asociación es esencial para que la piel de tu cuerpo desarrolle todas sus funciones. De hecho, muchas de esas funciones se deben a una estrecha colaboración entre las células dérmicas y las epidérmicas, como veremos a continuación.

Empecemos por la epidermis. A diferencia de lo que ocurre en muchos invertebrados, tu epidermis consta de varias capas celulares. No te la imagines como un amontonamiento estático de células. En realidad, la epidermis es extraordinariamente dinámica, hasta el punto de que esa epidermis que puedes contemplar ahora reflejada en el espejo no es la epidermis que veías hace un mes o dos. Se ha renovado por completo. Creo que no somos conscientes del milagro que supone tener una piel que se regenera sin cesar. Las células epidérmicas más basales (el estrato germinativo) proliferan continuamente y originan células hijas que sintetizan y acumulan una proteína extraordinaria, la queratina. Se trata de una proteína rica en azufre y muy resistente a todo tipo de agresiones. A medida que las células epidérmicas se cargan de queratina degeneran y mueren. De esta forma, la capa más expuesta (el estrato córneo) está formada únicamente por células muertas que se desprenden y son sustituidas por otras. El número de células que vamos dejando continuamente a nuestro paso es sorprendente. Se calcula que al día perdemos unos 40 o 50 millones de células, que terminan depositándose sobre los muebles de nuestra casa y alimentando a los ácaros de los colchones y las almohadas. Más adelante hablaremos de los mecanismos que garantizan la renovación continua de tu piel.

Los mamíferos sobrevivieron... ¡por los pelos!

Tu epidermis no se limita a constituir una primera barrera con el medio externo. Sus células también son capaces de hundirse profundamente en la dermis y formar estructuras muy diversas. Para empezar, hablaremos del folículo piloso. En este folículo la producción de células muertas queratinizadas se dispone en un cilindro que va creciendo hacia fuera y que constituye el pelo. Los pelos son un invento de los mamíferos o más probablemente de sus antepasados reptilianos.[39] Esta innovación está muy relacionada con la regulación de la temperatura corporal. Ya te he contado en los capítulos anteriores que los mamíferos, en el larguísimo periodo que convivieron con los dinosaurios, se especializaron en la vida nocturna y desarrollaron mucho el olfato para encontrar a sus presas. Mantener una temperatura constante y permanecer activos durante la noche daba ventaja a los pequeños mamíferos respecto a sus competidores reptilianos. Tal vez esto les ayudó a sobrevivir hasta la extinción de los dinosaurios. Para mantener la temperatura elevada es imprescindible un metabolismo alto (recuerda lo que dijimos del paladar secundario) pero también un buen aislante térmico. Organizar la queratina epidérmica en los pelos solucionaba el segundo requisito.

---

[39] Algunos reptiles ancestrales de los mamíferos muestran unos pequeños orificios en el cráneo que podrían alojar vibrisas, pelos gruesos con función sensorial. Si tenían pelos especializados, es lógico suponer que también habían desarrollado pelo en el cuerpo.

Una interesante pregunta es: ¿por qué los humanos hemos perdido este magnífico aislante térmico en la mayor parte de nuestro cuerpo? Gastamos tiempo y dinero en afeitados y depilaciones para rematar el trabajo que hizo la evolución con nuestra capa peluda, aunque comparados con otros primates lo cierto es que vamos bastante desnudos. Hay varias hipótesis al respecto. Durante un tiempo se pensó que nuestros antepasados podían capturar alimento en las lagunas o las charcas, y que el pelo mojado no servía como aislante, pero los datos antropológicos no respaldan esta hipótesis. Es más probable que la transición de la sombreada vida arbórea al sol de la sabana africana hiciera necesario prescindir de abrigos y diera más protagonismo a las glándulas sudoríparas para regular la temperatura.[40] De hecho, se ha comprobado que en África se produjo una reducción de los bosques y una extensión de las sabanas abiertas en los últimos seis millones de años, coincidiendo con la evolución de nuestros antepasados. Otra hipótesis (que puede complementar la anterior) sugiere que, a menos pelos, menos parásitos y una salud más robusta.

La otra cuestión es por qué mantenemos pelo en determinados lugares. De nuevo nos encontramos con diferentes hipótesis. En el caso del pubis, el pelo reduce la fricción durante el sexo, indica la madurez sexual y protege contra patógenos o partículas extrañas (esta última es la función de las pestañas). En cuanto al pelo de las axilas, asociado a unas glándulas sudoríparas especiales, como veremos luego, la cuestión está menos clara. Se ha formulado alguna hipótesis relacionada con la retención y la potenciación de las moléculas olorosas implicadas en el atractivo sexual, pero se

---

[40] Esto también hizo necesario aumentar la cantidad de melanina de la piel para protegerla de la radiación ultravioleta, lo que oscureció nuestra piel. Luego hablamos de este pigmento.

duda que esta función se haya mantenido en la actualidad. Más bien sería al contrario, ¿no?

Lo que sí parece más claro es la función del pelo en nuestra cabeza. Un estudio muy reciente ha utilizado maniquíes dotados de sensores y cubiertos con peluquines de distinto tipo. De esta forma se ha podido comprobar experimentalmente que el pelo, sobre todo el que es muy rizado, reduce el calor producido por la exposición al sol y minimiza la necesidad de sudar para enfriar la piel de la cabeza, lo que supone un buen ahorro de agua.

Aparte de su función en el desarrollo del pelo, la queratina, gracias a su gran resistencia, es utilizada por muchos mamíferos para elaborar los elementos más diversos, muchas veces ofensivos y defensivos. Los cuernos, las garras, las pezuñas, las barbas de las ballenas, el cuerno del rinoceronte, las escamas de los pangolines o las púas de los erizos son ejemplos de esta diversidad. En tu cuerpo, aparte de los pelos, la queratina solo sirve para elaborar las uñas de las manos y de los pies. Para defendernos (y atacar) ya fabricamos otras cosas, por desgracia.

¿Piel grasa? ¡Enhorabuena!

Cada uno de tus folículos pilosos lleva asociada una glándula sebácea productora de una secreción grasa que protege tanto la epidermis como el pelo. Esta secreción es importante para combatir las infecciones y mantener la piel tersa, hidratada y flexible. Además, actúa como filtro solar. Los pelos grasos son menos quebradizos que los secos. Así que no debes quejarte si tienes una piel grasa, aunque la contrapartida sea el acné.

En los lugares en los que no hay pelos, la epidermis también forma glándulas sebáceas para proteger la piel, excepto en las palmas de las manos y las plantas de los pies, que no tienen ni pelos ni glándulas sebáceas. Por el contrario, son los lugares con una mayor concentración de glándulas sudoríparas.

Un caso muy curioso lo puedes ver en el borde de tus párpados. Justo detrás de las pestañas es posible que percibas unos puntitos que son la desembocadura de unas glándulas sebáceas especiales, las glándulas de Meibomio.[41] Su secreción grasa se mezcla con las lágrimas, aumenta su adhesión al globo ocular y disminuye su evaporación. Una de las causas más frecuentes del llamado «ojo seco» es precisamente la falta de secreción de estas glándulas.

En cada folículo piloso encontramos también un pequeño abultamiento denominado, de forma muy poco original, «bulto» (*bulge* en inglés). Durante mucho tiempo no se le atribuyó ninguna función, aunque, como veremos más adelante, este puñado de células es muy importante.

Sudar la camiseta

Las células epidérmicas de los mamíferos también son capaces de desarrollar glándulas sudoríparas que, como bien sabes, están relacionadas con la termorregulación, ya que la evaporación del sudor enfría la piel. Estas glándulas se hunden profundamente en la dermis y llegan hasta la hipodermis, que es la capa en la que se acumula el tejido adiposo subcutáneo. En realidad, hay dos tipos de sudoración. Si tienes calor o has hecho mucho ejercicio,

---

[41] Por Heinrich Meibom, anatomista alemán del siglo XVIII. En realidad, estas glándulas ya habían sido observadas por Galeno.

empiezas a sudar por el cuero cabelludo y la frente para enfriar esa importante parte del cuerpo. Luego el sudor se va extendiendo al resto del cuerpo, y las palmas de las manos y plantas de los pies son las últimas zonas que se incorporan a esta sudoración fisiológica. Por otro lado, también se puede sudar debido al estrés, pero ese sudor empieza precisamente en las palmas de las manos y en las plantas de los pies.

Además de estas glándulas, llamadas ecrinas, tienes en tu cuerpo un segundo tipo, las apocrinas, que secretan un sudor diferente, más viscoso y graso. Se encuentran en las axilas, como mencioné anteriormente, y también en las areolas mamarias (glándulas de Montgomery) y las regiones genital y perianal. Ese sudor es inodoro, pero las bacterias de esas zonas suelen procesarlo y producir moléculas olorosas. La actividad de estas glándulas no tiene que ver con la termorregulación y están bajo control de las hormonas sexuales, mientras que las ecrinas dependen del sistema nervioso. En otros mamíferos, las glándulas apocrinas producen feromonas implicadas en la atracción sexual y la relación entre los individuos. En los humanos no tienen esa función, por lo que es probable que la mayor parte de nuestras glándulas apocrinas sean solo el inútil residuo de un ancestral sistema de comunicación y la diana de diferentes tipos de desodorante. Eso sí, se ha señalado que las glándulas areolares o de Montgomery pueden proporcionar un estímulo olfativo para los lactantes.

¿Sudar leche?

Otra característica de tu cuerpo relacionada con el potencial de la epidermis son las glándulas mamarias. Si eres una mujer, se habrán desarrollado tras tu pubertad, si eres un hombre no lo habrán hecho. Las glándulas mamarias son exclusivas de los mamíferos, y a ellas se debe precisamente el nombre de «mamífero», portador de mamas.

Tus glándulas mamarias son una innovación evolutiva y, por tanto, tenemos que desentrañar su origen. Para ello acudiremos a los mamíferos más primitivos que todavía existen en nuestro planeta. Se llaman monotremas, y son realmente sorprendentes.[42] Al igual que los reptiles, estos animales ponen huevos y tienen cloaca, una cavidad en la que desemboca el intestino y los sistemas excretor y reproductor. Cuando eclosionan los huevos, las madres alimentan a las crías con una secreción láctea producida en un área de su vientre. Si miramos con detenimiento, esa leche es producida por glándulas muy parecidas a las sudoríparas apocrinas. Curiosamente, cada glándula está asociada a un folículo piloso y a su glándula sebácea correspondiente. Las crías tienen que lamer ese sudor lácteo, cuya composición no es muy diferente a la leche de otros mamíferos.

En la bolsa de los marsupiales también encontramos glándulas mamarias que, durante su desarrollo, están asociadas con folículos pilosos, aunque finalmente los pelos desaparecen.

Esto nos indica que las glándulas mamarias evolucionaron a partir de glándulas sudoríparas apocrinas, que modificaron su secreción para que esta fuera más nutritiva. De hecho, las glándulas apocrinas y mamarias tienen puntos en común: la presencia de grasa en su secreción, su posición hundida en la grasa subcutánea y el control hormonal de su funcionamiento.

---

[42] Solo hay cinco especies de monotremas, el ornitorrinco y cuatro especies de equidna, todas ellas en Australia, Nueva Zelanda e islas cercanas.

Un éxito en la recuperación de las glándulas

Por supuesto, en tu cuerpo hay muchas más glándulas epidérmicas, además de las mencionadas. Por ejemplo, las lacrimales, las glándulas mucosas de la nariz o las salivares. Lo que me interesa ahora es contarte de dónde salió esta capacidad de los mamíferos para tener tantas y tan variadas glándulas en la piel. Su historia evolutiva es realmente curiosa, ya que implica la recuperación de algo que parecía obsoleto, después de que muchos otros vertebrados terrestres optaran por la «piel seca» (Figura 12).

Los peces tienen un montón de glándulas en la epidermis. Seguro que has comprobado lo resbaladizos que son. Los anfibios actuales también tienen glándulas en la piel, y algunas de ellas producen secreciones muy tóxicas. Sus antepasados, los primeros anfibios que deambularon por la Tierra, debieron de tener una epidermis engrosada y escamas óseas parecidas a las de los peces, para evitar la desecación. Aunque no lo sabemos con seguridad, porque en los fósiles no es posible comprobarlo, también debieron de tener un cierto número de glándulas entre las escamas.

La situación cambió en los reptiles, que se independizaron del medio acuático y necesitaban una piel resistente a la desecación y a la abrasión. Como las antiguas escamas de hueso dérmico ya no eran útiles, la epidermis tomó el relevo, gracias a su capacidad de producir queratina. El cuerpo de los reptiles actuales está cubierto por escamas formadas por queratina y frecuentemente imbricadas. Las aves aprovecharon hábilmente estas escamas para desarrollar sus plumas, que se forman a partir de la queratina epidérmica de una manera similar a las escamas. Dicho sea de paso, la pluma es un invento excepcional, que contribuyó al éxito de las aves. Reúne solidez y ligereza para la sustentación en el aire y es un excelente aislante térmico[43] que permite la regulación de la temperatura.

Las glándulas epidérmicas en los reptiles son escasas y poco visibles. Las aves solo tienen una importante, en la base de la cola. Esta glándula produce una secreción grasa que las aves tienen que extender sobre el plumaje con su pico. A esto dedican una buena parte de su tiempo, algo que los mamíferos nos hemos ahorrado al dotar a cada pelo de su glándula sebácea, como hemos visto. De todas formas, la propia epidermis de las aves también secreta una sustancia oleosa que contribuye a su mantenimiento.

Si reptiles y aves apenas tienen glándulas epidérmicas, ¿de dónde surgió la apabullante diversidad de glándulas que produce tu epidermis? Esta es una buena pregunta, y no dispongo de una respuesta definitiva, pero aquí va una hipótesis. Los primeros reptiles dieron lugar a dos grandes linajes, los sinápsidos y los diápsidos (recuerda la Figura 1). Los sinápsidos son los mamíferos y sus antepasados reptilianos. Los diápsidos incluyen a los lagartos, los cocodrilos, los dinosaurios y las aves. Estos animales siempre desarrollan una buena cobertura queratinizada (escamas o plumas), y reducen al máximo las glándulas epidérmicas. En cambio, es posible que el linaje de los sinápsidos mantuviera un cierto número de glándulas epidérmicas. Una razón para que se conservaran estas glándulas en los ancestros de los mamíferos puede ser la necesidad de regular la temperatura. Ya hemos visto que algunos de estos ancestros probablemente tenían pelo, por lo que no resultaría extraño que tuvieran glándulas sudoríparas. Los más avanzados también tenían paladar secundario, una

---

[43] Si tienes un edredón estarás de acuerdo conmigo. Por cierto, «edredón» viene de «eider», un tipo de pato cuyas plumas se utilizaban para hacer edredones, y «*dum*», plumón en sueco.

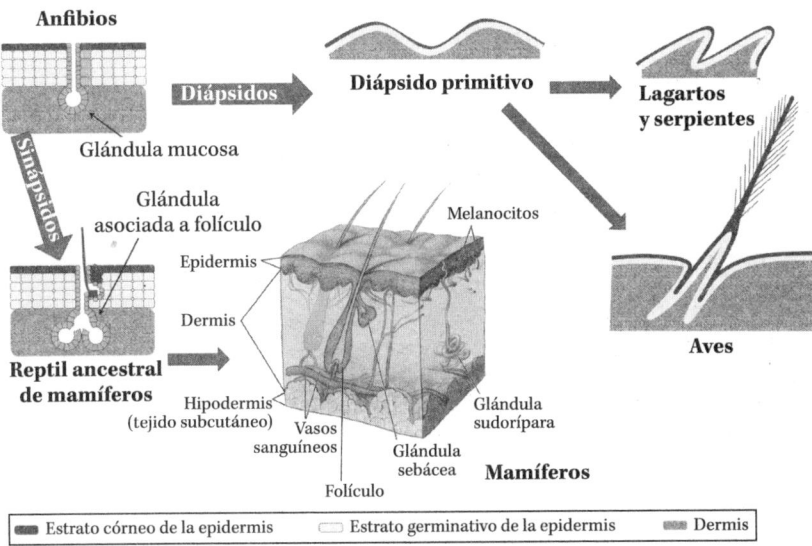

Anfibios

Diápsidos

Sinápsidos

Glándula mucosa

Diápsido primitivo

Lagartos y serpientes

Glándula asociada a folículo

Melanocitos

Epidermis

Dermis

Aves

Reptil ancestral de mamíferos

Hipodermis (tejido subcutáneo)

Vasos sanguíneos

Glándula sebácea

Folículo

Glándula sudorípara

Mamíferos

▬ Estrato córneo de la epidermis   ▭ Estrato germinativo de la epidermis   ▬ Dermis

Figura 12. Las glándulas mucosas de los peces y los anfibios se perdieron en los reptiles diápsidos porque era necesario conservar el agua del organismo. Los pliegues del estrato córneo de la epidermis formaron las escamas en estos animales. Las aves transformaron más tarde las escamas en plumas. Los mamíferos y sus antepasados (sinápsidos) sí mantuvieron las glándulas epidérmicas, y a partir de ellas evolucionaron tanto los folículos pilosos como las glándulas sudoríparas. Observa cómo ambos se hunden en la dermis.

estructura que, como vimos, es necesaria para respirar y masticar al mismo tiempo, indicando una alta tasa metabólica. Otra posibilidad que se ha señalado es que estos animales incubaran sus huevos, como siguen haciendo los monotremas. En ese caso su sudor sería necesario para mantenerlos hidratados. La cáscara calcárea y las membranas del huevo de la mayoría de los diápsidos hacen innecesario esto, ya que impiden la desecación. Sea por una razón u otra, los primeros mamíferos ya debieron contar con una buena capacidad para desarrollar glándulas, a diferencia de los reptiles que convivían con ellos.

Células madre en tu piel

A veces se define a las células basales de la epidermis como células madre, ya que en su división originan unos descendientes que
siguen proliferando y otros que degeneran y terminan descamán-
dose. Esto no es del todo exacto, porque esas células progenitoras solo mantienen sus propiedades por poco tiempo, y terminan
también acumulando queratina y degenerando. Esto quiere decir
que tiene que haber una fuente que produzca continuamente células progenitoras, es decir, auténticas células madre de la piel.

En los últimos años se ha comprobado que en realidad existen
varios tipos de células madre en cada uno de los compartimentos
de la epidermis, especialmente en los folículos pilosos y las glándulas sudoríparas. Además, en cada uno de tus folículos pilosos
existe ese bulto del que hablamos antes en el que residen células
madre capaces de dar lugar a progenitores epidérmicos, así como
a nuevos folículos pilosos y glándulas sudoríparas. Esto explica
no solo la continua renovación de la epidermis, sino también su
capacidad de regeneración tras un daño y la formación de nuevos pelos después de su caída. Recuerda que un pelo de tu cuero
cabelludo tiene una vida media de dos a ocho años, por lo que
los folículos tienen que renovarse periódicamente. Eso sí, si eres
hombre y tienes una cierta edad sin duda sabes que este mecanismo puede terminar fallando.

Dar color a la piel

A estas alturas, te habrás dado cuenta de que no hemos mencionado nada relacionado con el color, más o menos oscuro, de tu

piel y tu pelo. En efecto, ni la epidermis ni la dermis son en principio responsables de este color. Como bien sabes, el color de la piel se debe a una molécula llamada melanina. Se trata de un polímero de moléculas pequeñas derivadas de un aminoácido, la tirosina. Tiene la propiedad de absorber la radiación ultravioleta y transformarla en calor, evitando daños a las células. Por esto, la mayor producción de melanina se da en las poblaciones humanas más sometidas a la insolación.

La melanina es sintetizada por los melanocitos, células que derivan de la cresta neural. Recuerda, la cresta neural es ese conjunto de células embrionarias que se forman entre el ectodermo que va a originar el sistema nervioso y el ectodermo que dará lugar a la epidermis. Hemos visto unas cuantas cosas curiosas que hace la cresta neural, por ejemplo, el esqueleto de las branquias, la dentina de los dientes o los huesos de la cara. Pues bien, otro grupo de células migra por debajo del ectodermo y queda atrapado entre la epidermis y la dermis. Allí se dedican a producir melanina y a transferirla a las células epidérmicas cercanas. De esta forma, las células epidérmicas, incluyendo las que producen los pelos, acumulan más o menos cantidad de melanina, aportando color a la epidermis y a los pelos.

La melanina normal tiene un color marrón-negro, pero existe un segundo tipo, la feomelanina, que ha sufrido una modificación química en su molécula que le confiere un color rojizo. Esta molécula es más abundante en las personas pelirrojas. La mutación que hizo predominante la feomelanina frente a la melanina se produjo en poblaciones humanas del norte de Europa, menos sometidas a la insolación. Una mutación muy beneficiosa, ya que permitía recibir la cantidad adecuada de radiación ultravioleta para sintetizar la vitamina D.

El color de la piel, fuente de tantos y tan estúpidos conflictos, no es más que una consecuencia de la adaptación humana al medio y un requisito para su supervivencia. Cuánto mal puede hacer la ignorancia...

La dermis, más activa de lo que parece

Comparada con la epidermis y sus múltiples derivados y funciones, la dermis puede parecer un simple relleno para dar consistencia a la piel. En efecto, esta es una de sus misiones, pero lleva a cabo muchas más funciones. De hecho, para la formación de los folículos pilosos y las glándulas sebáceas y sudoríparas es necesaria una interacción a nivel molecular entre las células dérmicas y las epidérmicas. Este tipo de interacciones también se produce en la formación de escamas y plumas. La diferencia está en que el folículo piloso y las glándulas se hunden profundamente en la dermis, mientras que las escamas y las plumas se forman en protuberancias de la piel.

En la dermis que, recordemos, es un derivado del mesodermo, se forman músculos que se asocian a los folículos pilosos. Se llaman músculos erectores del pelo, pero también se han denominado músculos horripiladores, un espantoso nombre que da una idea de su función. Bajo una fuerte estimulación simpática estos músculos levantan el pelo y producen la carne de gallina.[44] No es que esto te defienda gran cosa de un ataque repentino, pero en mamíferos más peludos que nosotros este mecanismo puede aportar al cuerpo un mayor volumen y una presencia más imponente. También se te pone la carne de gallina cuando tienes frío.

---

[44] Denominación inadecuada. Las gallinas, como el resto de las aves, no tienen estos músculos erectores.

De nuevo, aumentar el volumen de la capa de pelo proporciona más aislante térmico. Como puedes ver, tus músculos horripiladores, dado lo escaso de nuestro pelo, no sirven para gran cosa.

Las sensaciones del tacto también residen en la dermis, donde se distribuyen corpúsculos sensoriales y fibras nerviosas encargadas de transmitir sensaciones de calor, frío, presión o dolor. De hecho, no se encuentran fibras nerviosas en la epidermis, que es insensible al dolor.

En la dermis también encontramos vasos sanguíneos, y esto es importante por dos razones. La epidermis carece de ellos, y sus células tienen que nutrirse mediante los capilares que circulan por la dermis. Además, regulando la dilatación y contracción de los vasos, aumentamos o disminuimos respectivamente la cantidad de calor que se difunde a través de la piel. De nuevo vemos la gran importancia que tiene este órgano a la hora de regular la temperatura corporal, un factor clave en la evolución de los mamíferos. Pelos, sudor y riego sanguíneo de la dermis se coordinan para mantener nuestra temperatura en un nivel óptimo. Eso sí, el control nervioso involuntario de la vasodilatación cutánea es también la causa de que nos pongamos colorados en situaciones incómodas.

Terminamos con la función más evidente de tu dermis, la de dar grosor y consistencia a la piel. Para ello cuenta con abundantes fibras de colágeno y elastina secretadas por las células dérmicas. Esta consistencia es la que se aprovecha para fabricar el cuero, que básicamente es dermis tratada químicamente en el proceso de curtido.

Para saber más

- Lasisi, T.; Smallcombe, J. W.; Kenney, W. L.; Shriver, M. D.; Zydney, B.; Jablonski, N. G. y Havenith, G., «Human scalp hair as a thermoregulatory adaptation», *Proc Natl Acad Sci USA*, vol. 120, n. ° 24, pág. e2301760120, 2023. Doi: 10.1073/pnas.2301760120
- Meruane, N. y Rojas, M., «Desarrollo de la piel y sus anexos en vertebrados», *Int J Morphol*, vol. 30, n. ° 4, 2012. http://dx.doi.org/10.4067/S0717-95022012000400025

A pleno pulmón

No voy a agobiarte con cifras sobre lo increíble que son tus pulmones. Es cierto que su epitelio ocupa una superficie enorme, que reciben y expulsan cantidades ingentes de aire y que resulta un auténtico milagro que mantengan su estructura sin colapsar.[45] Lo que nos interesa ahora es cómo han llegado hasta tu cavidad torácica para permitir que tu sangre transporte el oxígeno imprescindible para la vida. Sin olvidar algo igualmente importante, la expulsión del dióxido de carbono producido por la respiración celular y que resultaría tóxico si se acumulara en tu cuerpo. Respira profundamente y empecemos con la historia de tus pulmones.

Más antiguos que los anfibios

Podríamos pensar que los pulmones los inventaron los anfibios para poder respirar el aire atmosférico en sus primeros pasos por

---

[45] Vale, solo unos pocos datos. Por tus pulmones pasan cada día 11 metros cúbicos de aire y seis toneladas de sangre, que se oxigenan durante las más de 20 000 inspiraciones y espiraciones que haces diariamente.

la Tierra. Pues no es así, sus antepasados ya disponían de estos órganos para vivir en el agua. ¿Para qué quiere un pez un par de pulmones, cuando ya tiene unas estupendas branquias?

Con toda probabilidad, los vertebrados se originaron en medios marinos durante el Cámbrico. Los ostracodermos y placodermos que hemos visto en los capítulos anteriores aparecen junto a invertebrados marinos fósiles durante el Ordovícico y el Silúrico. En el Devónico, conocido como la era de los peces, ya encontramos fósiles de diferentes grupos de peces en sedimentos de agua dulce, ríos y lagos. Estos medios tienen un inconveniente para los peces si los comparamos con los marinos. La cantidad de oxígeno disuelto en el agua puede no ser siempre la misma. Los cambios físicos y químicos en el mar son en general pequeños, debido al gran volumen de agua. Lo mismo sucede en los ríos caudalosos o en los grandes lagos. Sin embargo, en cursos pequeños de agua o charcas el contenido de oxígeno puede variar mucho por diferentes causas. Por ejemplo, elevación de temperatura, proliferación de microbios o presencia de materia orgánica en descomposición. Este tipo de medios sería hostil para los peces con branquias... a menos que tengan un plan B, unos pulmones que les permitan respirar aire hasta que vuelva el oxígeno acuático.

Esta es la clave. Durante el Devónico, un grupo de peces desarrolló un sistema alternativo a las branquias, unos pulmones rudimentarios que les permitieron respirar aire atmosférico cuando el oxígeno disuelto en el agua de sus charcas o ríos escaseaba. Los demás peces no podían sobrevivir en aquellos medios. Es más, dado que respiraban aire atmosférico, estos peces pulmonados podían arriesgarse a salir del agua y arrastrarse hasta encontrar un lugar mejor donde vivir. Su ventaja sería decisiva en los ambientes sometidos a desecación periódica o estacional. ¿Te parece pura especulación? No debe serlo, porque hasta nuestros días han sobrevivido unos pocos peces pulmonados que viven exactamente como he descrito.[46] Un ejemplo extremo es el *Lepidosiren*, habitante de las zonas pantanosas en las cuencas del Amazonas, Paraguay y Paraná. Este pez, similar a una anguila, utiliza más sus pulmones que sus branquias. Cuando se desecan las charcas en las que vive es capaz de enterrarse en el barro, cubrirse con una capa mucosa, reducir al máximo su metabolismo y resistir hasta el regreso de las lluvias.[47] Se ha descrito que pueden permanecer en este estado latente entre dos y cuatro años.

¿Cómo se formaron estos pulmones primitivos en los peces? Una vez más la faringe branquial demostró su gran capacidad innovadora. El epitelio ventral y posterior de la faringe embrionaria se invagina y forma un tubo que se bifurca, dando como resultado dos sacos que van creciendo y ocupando espacio en el tórax. Así sucede en todos los vertebrados con pulmones, nosotros incluidos. El divertículo faríngeo impar producirá la tráquea, la región en la que se une a la faringe será la laringe, y a partir de los dos sacos se forman los pulmones. Por su parte, el mesodermo cercano genera los vasos que permiten el intercambio de gases[48] y también los músculos que regulan el paso del aire, comprimiendo y dilatando los bronquios y sus ramificaciones.

---

[46] Es el grupo de los dipnoos (*di*, 'dos'; *pnoë*, 'respiración'). Solo existen tres géneros, en Sudamérica, África y Australia.

[47] Otra curiosidad sobre *Lepidosiren*. Si su medio acuático es tan pobre en oxígeno, ¿cómo se las arreglan los embriones dentro del huevo y los recién nacidos para sobrevivir? Los machos se encargan de cuidar los huevos depositados por la hembra en una especie de nido. Aunque recientemente se ha cuestionado esto, se piensa que los machos suben a respirar aire en la superficie y luego oxigenan el nido en el que están sus crías, gracias a unos capilares que se desarrollan en sus aletas pélvicas. Lo que no se le ocurra a la evolución...

[48] Ahora que esto aparece por primera vez, quiero recalcarlo. Siempre que el mesodermo embrionario recubre al endodermo, termina formando vasos sanguíneos. Se trata de un *leitmotiv* del desarrollo que seguirá apareciendo en los siguientes capítulos.

Antes he hablado de la ocupación del espacio en el tórax por parte de los pulmones que crecen desde la faringe. Esto tiene una curiosa consecuencia. En los peces que no tienen pulmones, que son la inmensa mayoría, el estómago y el hígado están prácticamente pegados a la faringe. El crecimiento de los pulmones obliga a desplazar el estómago y el hígado hacia atrás. Este es el origen de tu esófago, un conducto que no hace nada más que trasladar el alimento desde la faringe al estómago y que es consecuencia de la necesidad de hacer sitio para tus pulmones.

Pulmones y vejigas gaseosas

Ya sabemos que algunos peces desarrollaron pulmones, pero la mayoría de ellos tienen otro órgano lleno de gas. Se trata de la vejiga gaseosa, una bolsa que emerge de la parte dorsal de la faringe durante el desarrollo. En algunos peces tropicales de agua dulce, la vejiga gaseosa puede funcionar como una especie de pulmón. El aire atmosférico entra por la boca, llega a la vejiga por un conducto y allí se encuentra con una red de vasos. De esta forma, la sangre recibe oxígeno y libera dióxido de carbono. Como en los dipnoos, esa solución permite a estos peces vivir en aguas pobres en oxígeno.

Sin embargo, en la mayoría de los peces la vejiga gaseosa tiene otra función, la de regular la flotabilidad. Unos vasos sanguíneos especializados pueden expulsar gas dentro de la vejiga, sobre todo nitrógeno, o bien absorberlo. La vejiga cambia así de volumen, y varía también la densidad del pez, de forma que asciende o se hunde sin mover un solo músculo.

Te estoy contando esto porque podría existir una relación entre tus pulmones y la vejiga gaseosa de los peces. Darwin opinaba que los pulmones habían evolucionado a partir de una vejiga ancestral. Más tarde se pensó todo lo contrario. El descubrimiento de que los dipnoos y otros peces muy primitivos tienen pulmones llevó a pensar que la vejiga derivaba evolutivamente de los pulmones. Esta vejiga habría adquirido una nueva función, la hidrostática, en ambientes sin problemas de oxígeno como los marinos. Hoy se tienen dudas sobre esta hipótesis. Se ha apuntado más bien que la vejiga y los pulmones son derivados independientes del extremo posterior de la faringe embrionaria, en su parte dorsal y ventral, respectivamente, aprovechando esa función respiratoria que tiene su epitelio desde el principio de la evolución de los vertebrados.

¿Cómo aumentar la superficie en un volumen limitado?

En cualquier caso, vemos que los pulmones fueron esenciales en la transición de la vida acuática a la terrestre. No podemos saber cómo eran estos pulmones en los primeros anfibios. Sus descendientes actuales, las ranas, las salamandras y los tritones, tienen dos sacos sencillos con algunos tabiques para aumentar su superficie. Probablemente habrás leído que las ranas también respiran a través de la piel. Esto es cierto, ya que sus pulmones son insuficientes para garantizar el intercambio de gases. Lo que quizá no sepas es que su piel es más importante para liberar el dióxido de carbono que para captar oxígeno. Se calcula que solo el 20 % del oxígeno se obtiene a través de la piel, pero el dióxido de carbono liberado por esta vía está entre el 40 y el 80 % del total. Esto se debe a que el dióxido de carbono es más soluble y se difunde mejor a través de los tejidos que el oxígeno.

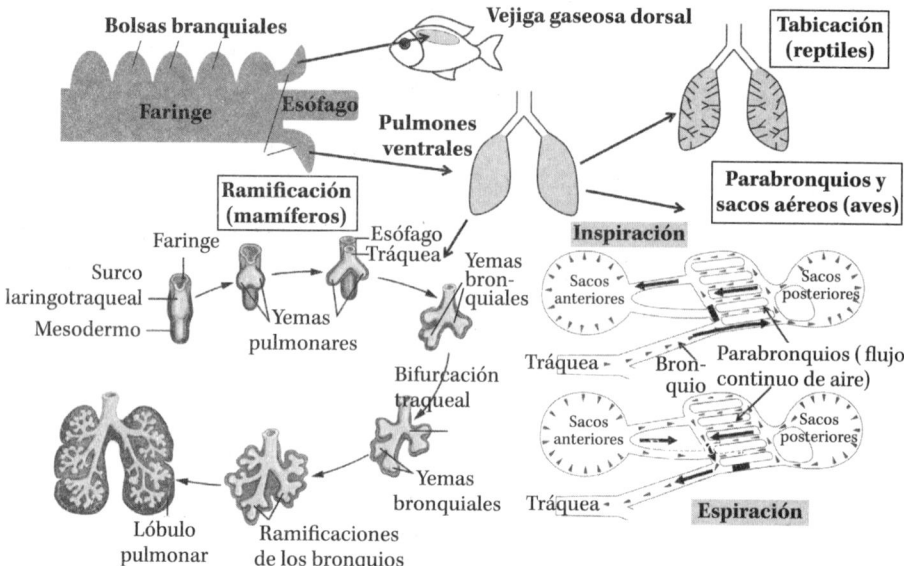

Figura 13. Los pulmones derivan de una evaginación ventral y posterior de la faringe. La vejiga gaseosa de los peces probablemente derivó de otra evaginación, en este caso dorsal. El esquema muestra las diferentes estrategias para aumentar la superficie de intercambio entre el aire y la sangre, en concreto la progresiva tabicación en los reptiles y el crecimiento arborescente en los mamíferos. Las aves, que tienen una gran demanda de oxígeno, desarrollaron un sistema basado en sacos aéreos y parabronquios. El flujo de aire a través de los parabronquios es continuo y unidireccional, tanto en la inspiración como en la espiración. Esto se consigue gracias al almacenamiento de aire fresco en los sacos posteriores, de aire espirado en los anteriores, y de válvulas que cortan el paso del aire (rectángulos negros).

Los reptiles ya no pueden respirar a través de su piel queratinizada, y sus necesidades metabólicas son mayores que las de sus antepasados anfibios. Ya no digamos sus descendientes, las aves y los mamíferos, que mantienen una temperatura corporal alta, por lo que su consumo de oxígeno es muchísimo mayor. Por consiguiente, en los reptiles la tabicación de los pulmones se hace cada vez más complicada para aumentar la superficie de intercambio entre sangre y aire. En las aves aparece una nueva organización de los pulmones, basada en finísimos tubos llamados parabronquios, densamente rodeados de capilares sanguíneos. Estos pulmones no se hinchan ni se deshinchan. Los parabronquios pulmonares están conectados a unas cavidades llamadas sacos aéreos, que están fuera del pulmón y se extienden por el cuerpo. Cuando el ave inhala, el aire llena los sacos aéreos posteriores y circula por los parabronquios hacia los anteriores. Cuando exhala, el aire sigue pasando de los sacos aéreos posteriores a los anteriores a través de los parabronquios, antes de salir al exterior (Figura 13). El resultado es que una corriente de aire fresco, rico en oxígeno, circula sin cesar a través de los parabronquios en el mismo sentido. Esto es diferente en nuestro caso, ya que el aire que inhalamos se va empobreciendo en oxígeno en el interior de nuestros pulmones hasta que lo exhalamos y lo renovamos. Sin embargo, el altísimo consumo de oxígeno de las aves hace necesario un sistema como este.

Tampoco los mamíferos nos quedamos atrás en cuanto a innovación. En lugar de hacer más y más tabiques, nuestros pulmones se desarrollan de una forma completamente diferente. Los sacos pulmonares embrionarios se ramifican, de sus ramificaciones nacen otras ramificaciones, y así sucesivamente hasta acabar en los abundantísimos alvéolos en los que se produce el intercambio gaseoso. La metáfora de «el árbol bronquial» es completamente adecuada, debido a este proceso de ramificación que genera alrededor de 300 millones de alvéolos, con una superficie total similar a la de un piso de protección oficial. Me he contradicho, al final he acabado por darte unas cifras sorprendentes. ¡Es que los pulmones son asombrosos!

Ventilar los pulmones

Los anfibios actuales no tienen costillas o estas son cortas y no forman una caja torácica.[49] Como vimos en su momento, las costillas son importantes para los movimientos respiratorios en los reptiles, las aves y los mamíferos. En los anfibios, el aire se bombea hacia los pulmones mediante la musculatura de la base de la boca y la garganta, derivada de los músculos hipobranquiales e hioideos. Si tienes ocasión, verás como la papada de las ranas vibra continuamente. Este mecanismo ya era usado por los peces, sobre todo los sedentarios, para proyectar agua a través de las branquias.

El mecanismo muscular de bombeo de aire se aprovecha en los machos de las ranas para hacer vibrar unas membranas y producir su característico canto. Por cierto, se ha propuesto que el reflejo de succión de los mamíferos recién nacidos responde a este mecanismo ancestral de bombeo de aire, ya que utiliza los mismos músculos bajo el mismo control nervioso. ¿Te imaginabas que pudiera haber relación entre un bebé succionando su chupete, una rana cantando y un tiburón en reposo, bombeando agua a través de las branquias?

En los reptiles, el llenado y vaciado de los pulmones se produce por la acción conjunta de la musculatura de la caja torácica y los músculos abdominales. En algunos lagartos también se utiliza el bombeo bucal de aire que hemos visto en los anfibios. Las aves tienen un sofisticado mecanismo de ventilación, acorde a sus ingentes necesidades de oxígeno. Como ya he mencionado,

---

[49]   O adquieren funciones sorprendentes. El gallipato, el mayor de nuestros urodelos, tiene agujeros en la piel de los flancos por los que pueden asomar unas afiladas costillas que, junto a una secreción tóxica, lo defienden de una agresión. Si lo ves, no lo cojas.

sus pulmones no se inflan ni desinflan como los nuestros. En lugar de esto, los sacos aéreos actúan como fuelles, aspirando y expulsando aire de forma que haya un flujo continuo de aire fresco atravesando los parabronquios.

Tus pulmones también cuentan con un ingenioso mecanismo de ventilación, diferente de todos los demás. Se trata del diafragma, exclusivo de los mamíferos. Su origen es complejo. Un tabique separa la cavidad en la que están los pulmones (cavidad pleural)[50] y la cavidad abdominal. ¿Recuerdas que había células que migraban desde los somitos hasta los miembros para formar la musculatura de brazos y piernas? Pues otras células de los somitos migran a este tabique y originan la musculatura del diafragma. Cuando se contrae, baja la presión en las cavidades pleurales y esto se compensa con la entrada de aire al interior de los pulmones. Cuando el diafragma se relaja, presiona las cavidades pleurales y el aire se exhala. Un mecanismo de bajo coste energético, pero muy ingenioso para nuestra vida diaria. Eso sí, en caso de que sea necesario siempre puedes activar el sistema reptiliano de movimiento de las costillas, que hemos mantenido. Esto ocurrirá si haces mucho ejercicio y necesitas un aporte extra de oxígeno. En este sistema ancestral intervienen los músculos axiales (escalenos e intercostales), los abdominales e incluso el esternocleidomastoideo.

[50] Otro tabique vertical divide la cavidad pleural, de forma que cada pulmón queda alojado en un espacio independiente.

Para saber más

- Lambertz, M.; Grommes, K.; Kohlsdorf, T. y Perry, S. F., «Lungs of the first amniotes: why simple if they can be complex?», *Biol Lett*, vol. 11, n. º 1, pág. 20140848, 2015. Doi: 10.1098/rsbl.2014.0848
- Pérez, J. I., «Sistemas respiratorios», *Cuaderno de Cultura Científica*. https://culturacientifica.com/series/sistemas-respiratorios/

Un cordial recuerdo para tu corazón

Hay un órgano que resulta particularmente atractivo y popular, hasta el punto de ser el más mencionado en los poemas, las canciones y las conversaciones. Se trata del corazón. De hecho, en las seis palabras del título de este capítulo ya lo he nombrado tres veces. «Cordial» significa afectuoso, y viene del latín *cor, cordis*, 'corazón'. Lo que es menos conocido es que «recordar» viene de *re-cordis*, 'volver a pasar por el corazón'. Esto se debe a que en la antigüedad el corazón se identificaba con muchas cualidades humanas, como la voluntad, el coraje (otra vez la raíz *cor-*) o la determinación.

Galeno concedió al corazón un papel central en la fisiología humana. Según él, la «sangre nutritiva» se formaba en el hígado a partir de los alimentos. Esta sangre iba luego hacia el corazón, donde se mezclaba con el *pneuma* procedente de los pulmones. Galeno suponía que los pulmones aspiraban el *pneuma* o aliento vital, imprescindible para la vida. El corazón impulsaba la sangre nutritiva y neumatizada hacia todo el cuerpo, para condensarse y formar los diferentes órganos y tejidos. Esta idea se mantuvo durante siglos. Hubo que esperar al sirio Ibn an-Nafis en el siglo XIII, a Miguel Servet en el XVI y sobre todo a William Harvey en el XVII para entender que la sangre circulaba por todo el cuerpo impulsada por el corazón, que no era más que un músculo.

Todo ello no quitó al corazón su aura de romanticismo, pero lo que nos interesa ahora es conocer su asombrosa historia y saber por qué intrincados caminos terminó en tu pecho, bombeando tu sangre. Para ello tendremos que recurrir de nuevo a dos perspectivas, la evolutiva y la embrionaria.

Tu corazón empezó a latir hacia la sexta semana de embarazo. Es posible que lo hiciera un poco antes, extrapolando lo que se ha visto en los embriones de ratón, pero de ser así resulta difícil detectarlo. El caso es que desde entonces no ha dejado de latir, y confiemos en que lo siga haciendo por mucho tiempo.[51] Este funcionamiento tan temprano, cuando todo está por hacer, plantea una multitud de problemas. El corazón es el único órgano del cuerpo que necesita completar su desarrollo sin detenerse ni un solo instante. Imagina el desafío de ir construyendo un automóvil sin que deje de circular por la carretera. Este proceso de desarrollo es muy complejo y viene condicionado, una vez más, por su historia evolutiva y en particular por el paso de la respiración branquial a la pulmonar.

Un corazón de pez en tu embrión

Tu corazón embrionario empezó siendo un tubo muscular que recibía la sangre por el extremo posterior y la impulsaba por el

---

[51] De nuevo tenemos cifras asombrosas. Tu corazón late alrededor de 90 000 veces al día, bombeando unos 7000 litros de sangre. En poco más de un año sería capaz de llenar una piscina olímpica. En una vida promedio estamos hablando de 2500 millones de latidos. A ver qué tecnología puede igualar esto.

anterior. A estas alturas ya se ha formado una red de vasos y numerosas células sanguíneas. El tubo cardíaco primitivo se pliega y al mismo tiempo va creciendo por sus extremos. Al cabo de un tiempo podemos reconocer una aurícula[52] y un ventrículo. El ventrículo impulsa la sangre a través de la aorta ventral hacia los vasos de la faringe, unas arterias que se reúnen luego en la aorta dorsal.

En este momento la organización de tu corazón recuerda a la de los peces. En efecto, los peces reciben la sangre que viene del cuerpo en una cámara llamada seno venoso. De allí pasa a la aurícula, luego al ventrículo y este la impulsa a través de un cono arterial hacia la aorta y las branquias. La sangre se oxigena en las branquias y se distribuye a todo el cuerpo. La presencia de válvulas entre las cámaras y en el cono arterial evita que la sangre vuelva hacia atrás.

La necesidad de varias cámaras en el corazón de los peces se debe a que la sangre, después de haber circulado por todo el cuerpo, regresa con poquísima presión, y no sería capaz de llenar el ventrículo, con sus gruesas paredes. De esta forma, el seno venoso acumula la sangre y la vierte en la aurícula, que se encarga de darle presión y llenar el ventrículo. Nuestra presión de retorno es mayor, por eso perdemos el seno venoso embrionario y nuestras aurículas son muy reducidas comparadas con los ventrículos. No obstante, la clave de que tu corazón tenga aurículas se debe a esta necesidad de rellenar los sólidos ventrículos.

El corazón original de los vertebrados es, por tanto, un corazón branquial. Su finalidad es garantizar el flujo de sangre a través de las branquias y distribuir esa sangre oxigenada a todo el

---

[52] El término correcto de esta cámara es atrio. Lo que sucede es que el atrio del corazón humano se divide en dos cámaras, como veremos luego, y cada una de ellas forma una especie de «orejita» sobre el ventrículo. De ahí el término aurícula (orejita). Para no liarte mantendré este último nombre.

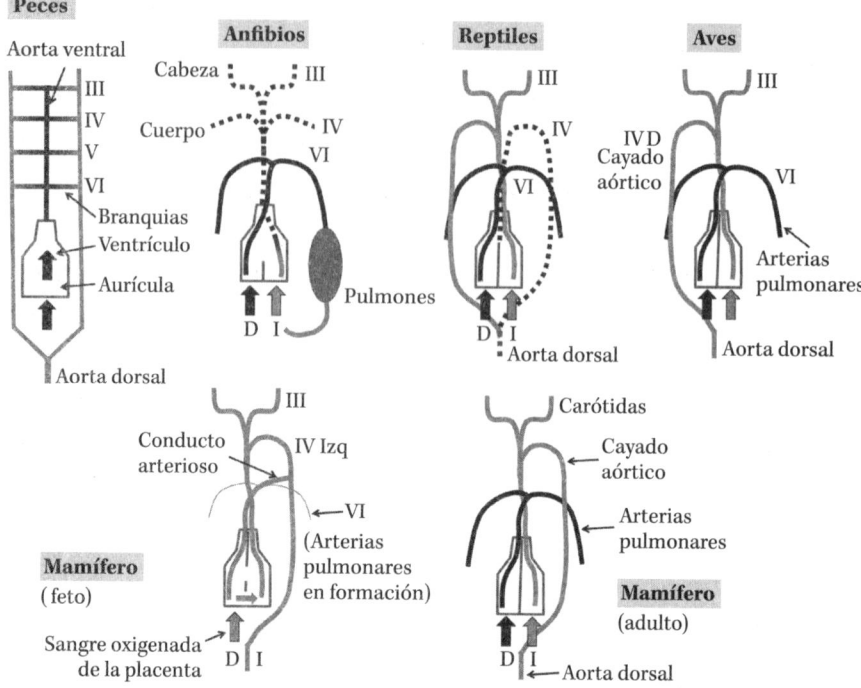

Figura 14. Reorganización de las arterias branquiales en tetrápodos para distribuir la sangre oxigenada procedente de los pulmones (en gris) y la sangre venosa que regresa del cuerpo (en negro). La sangre mezclada se representa con líneas discontinuas. En los anfibios, una válvula espiral envía la sangre venosa a través del arco VI a los pulmones. Los reptiles tienen tres salidas en el corazón que conectan con los arcos III-IV derecho (más oxigenada), IV izquierdo (mezcla) y VI (sangre venosa). Las aves mantienen solo el arco IV derecho, mientras que los mamíferos mantienen el IV izquierdo como el cayado aórtico. Observa los cambios, explicados en el texto, entre nuestra circulación fetal y adulta, debido a la ausencia de circulación pulmonar.

cuerpo. Tu embrión ya no desarrolla branquias, pero hemos visto que en la faringe embrionaria siguen existiendo bolsas y arcos branquiales. Resulta que también hay unos vasos que circulan a través de de la faringe de una forma similar a como lo hacen en los peces. En concreto, tu embrión tuvo tres pares de vasos atravesando los arcos branquiales posteriores al segundo. Los llamamos arcos aórticos tercero, cuarto y sexto, ya que el quinto no llega a formarse en los humanos. Estos vasos reciben su sangre de la aorta ventral y la envían a la aorta dorsal (Figura 14).

Esta semejanza entre los vasos de tu faringe embrionaria y los que irrigan las branquias de los peces cambiará rápidamente. El tercer arco aórtico formará tus arterias carótidas, que llevarán sangre a la cabeza. El sexto dará lugar a tus arterias pulmonares. El cuarto arco derecho desaparecerá y el cuarto arco izquierdo será tu cayado aórtico. Ahora puedes entender por qué tu corazón primero impulsa la sangre hacia tu cabeza a través de la aorta y luego gira hacia la izquierda y hacia atrás en el cayado de la aorta. Está recapitulando la organización ancestral de los peces. Tu cayado aórtico corresponde al antiguo conjunto de aorta ventral, cuarto arco aórtico izquierdo y aorta dorsal.

La elección del cuarto arco aórtico izquierdo es exclusiva de los mamíferos. Las aves optaron por formar su cayado aórtico a partir del cuarto arco derecho. Presuntamente, los dinosaurios también eligieron esta solución. Los reptiles actuales utilizan los dos cuartos arcos aórticos, el izquierdo y el derecho, aunque el derecho está más desarrollado en los cocodrilos, ya que se encarga de aportar sangre a la cabeza. A continuación, veremos el motivo de estas elecciones.

¿Cómo evitar la mezcla de diferentes tipos de sangre?

La remodelación de la circulación branquial solo es una parte de la revolución anatómica que supuso el cambio de la respiración branquial a la pulmonar. El corazón mismo tuvo que reorganizarse profundamente, cosa que explica que tengamos dos aurículas y dos ventrículos.[53]

Hemos dicho que en el corazón de los peces hay una entrada de sangre que viene del cuerpo y una salida que va a las branquias, un sistema sencillo y eficaz que se reproduce en nuestro corazón embrionario más temprano. En el momento en que los vertebrados respiran aire atmosférico surgen dos problemas serios. Hay que manejar la sangre oxigenada que entra en el corazón desde los pulmones junto con la sangre venosa que viene del cuerpo. Y al mismo tiempo hay que enviar la sangre venosa a los pulmones y la oxigenada al cuerpo. Y todo ello debe organizarse en el embrión sin que el corazón deje de latir un solo instante. Comprenderás que el desafío es imponente y, de hecho, tardó mucho en encontrarse la solución definitiva.

En los anfibios la solución es ingeniosa, aunque incompleta. El truco consistió en mantener en lo posible separadas las corrientes de sangre venosa y oxigenada cuando pasaban por el corazón. Un tabique en la aurícula separa las entradas de ambos tipos de sangre. Otro tabique de forma espiral a la salida del corazón desvía la sangre venosa desde la derecha hacia la parte dorsal, y la oxigenada, que entra por la izquierda, hacia la ventral. Como la salida del sexto par de arcos aórticos se encuentra en la parte dorsal de la aorta, la mayor parte de la sangre venosa irá a los pulmones. La oxigenada seguirá por la parte ventral de la aorta y saldrá por los arcos tres y cuatro, rumbo a la cabeza y el cuerpo. Es cierto que

---

[53] Estrictamente hablando, solo tenemos un atrio y un ventrículo divididos por un tabique. Pero se ha impuesto esta idea de que tenemos dos aurículas y dos ventrículos, así que la seguiremos aquí.

una parte de la sangre se mezclará, pero para los anfibios esta solución resulta suficiente.

En los reptiles se avanza más en la separación de los tipos de sangre en su recorrido cardiaco. Además del tabique en la aurícula, se forma otro tabique en el ventrículo, que lo divide de forma parcial. La sangre venosa entra por la parte derecha de la aurícula y se dirige a la parte derecha del ventrículo. La sangre oxigenada que viene de los pulmones entra a la cavidad izquierda de la aurícula y se bombea hacia la parte izquierda del ventrículo. Como los tabiques son incompletos, no se puede evitar la mezcla de los dos tipos de sangre en el centro. La salida del corazón está dividida en tres partes. La salida derecha recibe la mayor parte de la sangre venosa, y la dirige al sexto arco aórtico y a los pulmones. La salida central va al cuarto arco aórtico izquierdo. Por aquí sale la sangre mezclada. La salida izquierda conecta con el cuarto arco aórtico derecho, de donde salen las arterias carótidas antes de confluir con el cuarto arco izquierdo en la aorta dorsal. Esta es la sangre más oxigenada, que preferentemente se dirige a la cabeza.

Esta solución es la que explica que las aves y los cocodrilos hayan dado una mayor importancia al cuarto arco aórtico derecho, al contrario de lo que sucede en los mamíferos. No sabemos cómo evolucionó el corazón de los mamíferos hacia la opción de dos únicas salidas del corazón (pulmonar y aórtica-izquierda), pero no debió de pasar por una organización como la que vemos en los reptiles actuales, que hubiera dado prioridad al arco aórtico derecho.

Lo que sí sabemos es que a lo largo del desarrollo de tu corazón se forman tabiques que separan completamente las dos cavidades de la aurícula y el ventrículo, la derecha y la izquierda. Por la aurícula y el ventrículo derecho circula exclusivamente sangre venosa, que viene del cuerpo y va a los pulmones por el sexto arco aórtico embrionario, ahora convertido en las arterias pulmonares. Por la aurícula y el ventrículo izquierdo solo pasa sangre arterial, procedente de los pulmones y destinada al cuerpo. La formación de estos tabiques es compleja, en ella intervienen elementos musculares, fibrosos y, otra vez, derivados de la cresta neural. De hecho, el tabique que divide tu aorta en una salida pulmonar y otra aórtica está formado por células de la cresta neural, unas células que, como hemos visto, desempeñan las más variopintas (y sumamente útiles) funciones.

No creas que esta tabicación de aurícula y ventrículo en cámaras separadas ha resuelto todos los problemas. Resulta que la circulación a través del pulmón está bloqueada en el feto. Lo contrario no tendría mucho sentido, ya que el feto no respira y obtiene su oxígeno de la placenta, aparte de que los pulmones y sus vasos se van desarrollando poco a poco. Por eso tiene que existir una comunicación entre las aurículas, para que la sangre pueda pasar de la derecha a la izquierda. Recuerda que la aurícula izquierda solo recibe sangre del pulmón, por lo que en el feto se quedaría vacía si no existiera esta comunicación. Por otro lado, la sangre que sale del ventrículo derecho no puede ir al pulmón, así que se desvía hacia la aorta por un gran vaso llamado conducto arterioso (Figura 14). Observa que esto soluciona el problema, pero genera una situación de lo más arriesgada. En el momento del nacimiento el bebé hincha sus pulmones con aire por primera vez. Esos pulmones demandan sangre que oxigenar, para evitar la asfixia. En ese momento el conducto arterioso debe colapsar, para que la sangre del ventrículo derecho afluya a los pulmones, regrese oxigenada por la aurícula izquierda y su presión provoque el cierre de la comunicación entre las aurículas. La sangre oxigenada pasa entonces al ventrículo izquierdo y se distribuye por todo el cuerpo. Es un momento crítico, como puedes imaginar.

Estos cambios durante el desarrollo y en el momento del nacimiento tienen que estar perfectamente coordinados. Lo asombroso es que casi siempre salen bien. Eso sí, las malformaciones congénitas del corazón son relativamente frecuentes,[54] aunque la mayoría se corrigen espontáneamente o no llegan a plantear problemas. Dado lo complicado que fue remodelar el corazón a lo largo de millones de años y que es necesario recapitular toda esta remodelación en los meses del embarazo, creo que no podemos exigirle mucho más.

Romper la simetría

Sabes perfectamente que, para sentir el latido de tu corazón o el del corazón de otra persona, debes poner la mano en la parte izquierda del pecho. El corazón no es un órgano simétrico, como tampoco lo son el estómago, el bazo, el páncreas o el hígado, los tres primeros situados a la izquierda del cuerpo, mientras que el hígado se aloja a la derecha. El corazón es el primer órgano en el que se manifiesta esta asimetría visceral. Más adelante, hablaremos de la asimetría de tus vísceras abdominales.

Al principio de este capítulo mencioné que tu corazón tiene primero forma de tubo y luego se pliega. Este pliegue es el que rompe la simetría, ya que el extremo por el que entra la sangre se desplaza hacia la izquierda, mientras que el pliegue lo hace hacia

---

[54] Alrededor del 1 % de los nacidos vivos presentan malformaciones cardíacas. Solo la cuarta parte son defectos severos. La mayor parte son anomalías en el cierre del tabique entre los ventrículos. Esta comunicación entre ventrículos recuerda a la situación en los reptiles.

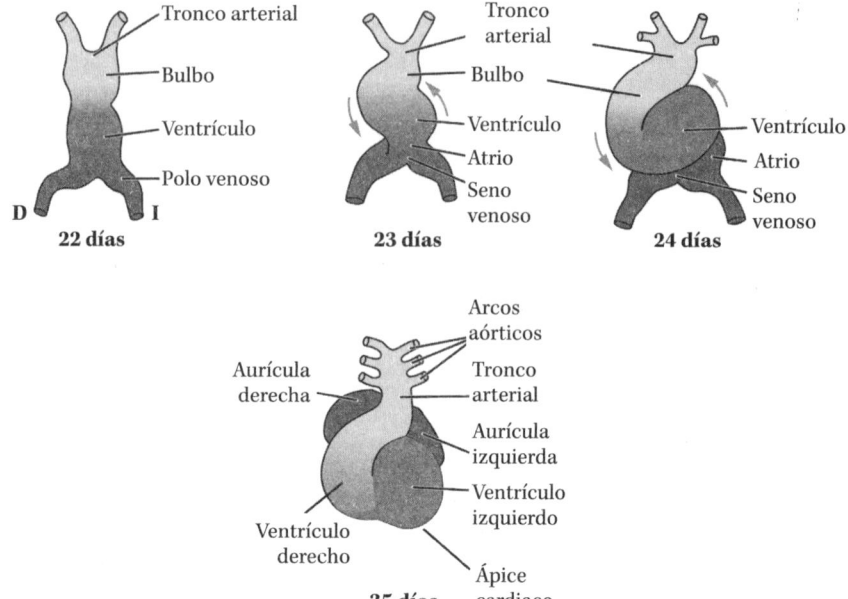

Figura 15. Esquema del pliegue del corazón humano entre la tercera y la quinta semana de gestación. El ventrículo primitivo se pliega hacia la derecha y luego rota, de forma que el atrio (las futuras aurículas) cabalga sobre el corazón, y el bulbo termina dando la mayor parte del ventrículo derecho. El ápice cardiaco apunta hacia la izquierda, y ahí es donde golpea a la caja torácica, y sientes su latido.

la derecha, formando una especie de C (Figura 15). Los ventrículos crecerán en el fondo de la curvatura, que además rotará de forma que la punta del corazón, correspondiente al ventrículo izquierdo, acabará dirigiéndose hacia la izquierda. Cuando el ápice cardiaco golpetea contra la pared del cuerpo, sentimos el latido a la izquierda del pecho.

Tu asimetría corporal empezó a gestarse mucho antes de que se manifestase en el corazón. Se puede rastrear hasta la propia gastrulación, pero únicamente a nivel molecular. Es decir, hay genes que se expresan a la izquierda del embrión mientras que otros lo hacen a la derecha. El mecanismo que provoca estas diferencias es sorprendente, como veremos a continuación.

Existen mutaciones genéticas que producen alteraciones en la simetría de los órganos. Estas alteraciones se conocen con el nombre de heterotaxia. Esto se produce en 1 de cada 10 000 nacimientos, aunque quizá esté infradiagnosticada, ya que muchas veces pasa inadvertida. El caso más llamativo es el *situs inversus*, la inversión de todos los órganos de forma que, por ejemplo, el corazón apunta hacia la derecha y el hígado se encuentra a la izquierda. Esto no suele dar problemas, pero asimetrías parciales, por ejemplo, en el corazón, sí causan anomalías y desajustes que pueden ser graves.

Cuando se estudiaron estas mutaciones en los ratones y luego en los humanos, se vio que en muchos casos afectaban al movimiento de los cilios microscópicos que tienen algunas células. ¿Qué tiene que ver el movimiento de los cilios con que el corazón se pliegue hacia la derecha o con la posición del hígado? Finalmente se descubrió que, durante la gastrulación del embrión, unos cilios baten el líquido circundante en el sentido de las agujas del reloj, impulsando hacia la izquierda moléculas señalizadoras.[55] A partir de las señales bombeadas hacia la izquierda se desencadena una cascada de expresión de genes que termina por crear diferencias genéticas entre la mitad izquierda y la mitad derecha del embrión. Esto lo demostró un grupo de investigadores japoneses, que llevaron a cabo algo asombroso. Cultivaron embriones de ratón sometiéndolos a una minúscula corriente de fluido en un sentido o en otro. De esta forma cambiaron a voluntad la asimetría del

---

[55] Este mecanismo es muy antiguo, y se ha visto en todos los vertebrados, excepto en las aves, que aparentemente lo sustituyeron por otro que no vamos a tratar aquí.

embrión, e incluso rescataron el defecto en la asimetría de ratones con mutaciones como las que mencionábamos anteriormente.

En la formación del corazón, y luego en la de otros órganos, las diferencias entre izquierda y derecha se manifiestan anatómicamente porque las células, en función de sus instrucciones genéticas, proliferan y migran más o menos, y en general se comportan de acuerdo a dichas instrucciones. Así que el movimiento de un puñado de cilios microscópicos termina produciendo una profunda reorganización en la simetría de tu cuerpo, incluyendo que percibas los latidos cardíacos a la izquierda de tu pecho. ¿He dicho un puñado? Literalmente. Son unos 300, pero se ha demostrado experimentalmente que bastan dos, solo dos cilios, para inducir la asimetría. Increíble, ¿no?

El remoto origen del corazón

Recapitulando, hemos visto por qué tu corazón tiene dos aurículas y dos ventrículos y ha conseguido separar la sangre venosa de la arterial. Esta separación completa solo la logran las aves y los mamíferos, es necesaria para mantener su alta tasa metabólica, y se alcanza por caminos evolutivos diferentes, como indica la diferente posición de su cayado aórtico. Ahora vayamos mucho más atrás en el tiempo, para conocer los orígenes ancestrales de tu corazón.

Empecemos por lo más sencillo: un animal bilateral con su tubo digestivo derivado del endodermo. Entre el tubo digestivo y la piel, derivada del ectodermo, se dispone la tercera capa celular, el mesodermo. En animales muy pequeños, los nutrientes absorbidos por el tubo digestivo se difunden a las diferentes partes del

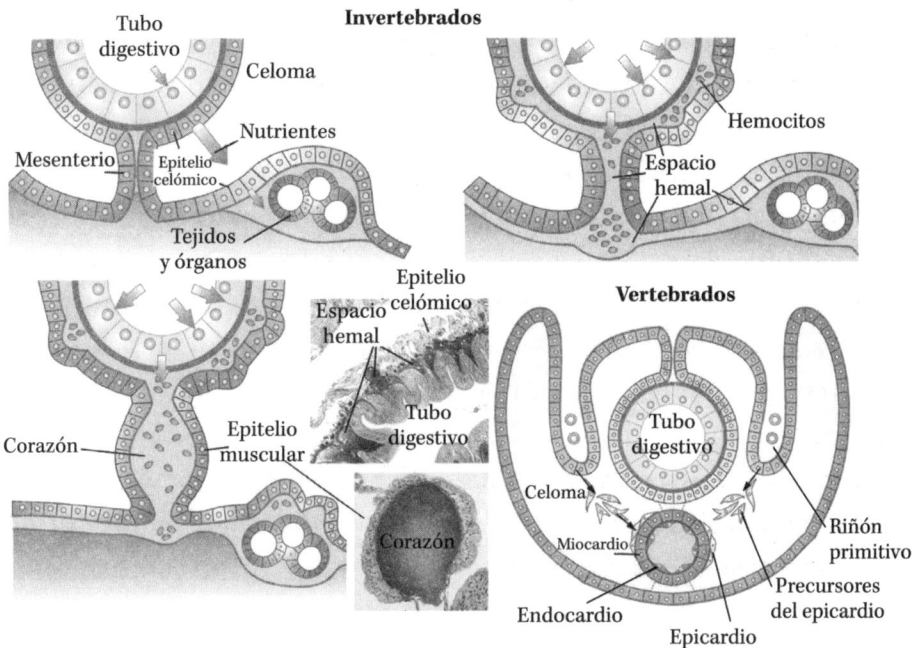

Figura 16. Evolución del sistema circulatorio en los animales. En una primera etapa los nutrientes absorbidos por el intestino se distribuyen por el celoma. El espacio hemal, abierto entre el endodermo del tubo digestivo y el epitelio celómico mejora esta distribución. La muscularización del epitelio celómico en el mesenterio es el origen del corazón, que bombea el fluido hemal. Finalmente, en los vertebrados, el corazón se completa con un endocardio y un epicardio derivado del riñón primitivo. El espacio hemal, revestido por el endotelio, forma nuestro sistema circulatorio. El endocardio y el epicardio desarrollan estructuras no miocárdicas como las válvulas, los vasos coronarios o el esqueleto fibroso del corazón. Las fotografías muestran el espacio hemal y el corazón de gusanos anélidos.

cuerpo sin mayor problema. Los animales grandes no pueden llevar a cabo esto, ya que muchos tejidos quedan alejados de la fuente de alimento. Es frecuente entre los animales, sobre todo en los más grandes, que el mesodermo forme una cavidad alrededor del tubo digestivo. Esa cavidad se llama celoma. Sí, tú también tienes cavidad celómica; de hecho, tienes cuatro, alrededor del corazón (pericárdica), de cada pulmón (pleurales) y de las vísceras (peritoneal). Las cavidades celómicas siempre están recubiertas por células mesodérmicas.

El celoma soluciona en parte el problema de transportar nutrientes. Estos pasan del intestino al líquido que llena la cavidad celómica y pueden difundirse más fácilmente a los órganos. Sin embargo, hay una solución todavía mejor. Entre el intestino y la hoja mesodérmica adherida a él puede aparecer un espacio. Lo llamaremos espacio hemal (Figura 16). Este puede extenderse por otras partes del cuerpo siempre que haya mesodermo, de manera que los nutrientes intestinales se difundan a través de este espacio. Este es el origen del sistema circulatorio, como veremos en el próximo capítulo. Lo que nos interesa ahora es que el mesodermo tiene una gran capacidad de formar músculo. Lo demostró en los somitos, como ya vimos. De hecho, el mesodermo que rodea el tubo digestivo forma la musculatura lisa de estómago e intestino, fundamental para hacer avanzar el alimento. El mesodermo de las branquias también forma la musculatura que luego utilizamos para todas las funciones que ya he explicado.

Lo importante de esta capacidad muscular es que una especie de bolsa del epitelio celómico, alrededor del espacio hemal, aumentó su grosor y desarrolló capacidad contráctil, bombeando el líquido hemal rico en nutrientes a través de la red de espacios hemales. Esta bolsa es el origen del corazón. En animales protóstomos (artrópodos, anélidos, moluscos) se sitúa dorsalmente. En los deuteróstomos como nosotros, los vertebrados, se encuentra en la parte ventral. No obstante, ya vimos que en realidad el corazón se forma siempre en el mismo lado del cuerpo, y que el diferente origen de la boca es lo que cambia el criterio de lo que es dorsal o ventral.

Tu corazón, por tanto, comparte un origen remoto con la musculatura del tubo digestivo y de la faringe branquial. De hecho, recientemente se ha comprobado que una misma población de células progenitoras embrionarias contribuye a los músculos branquiales y al miocardio. De manera que cuando sonríes o besas utilizando tu musculatura facial, derivada de la branquial, estás moviendo músculos emparentados con el corazón. Como ves, es difícil desprender a esta víscera de su aura romántica.

Los accesorios del corazón (vienen de serie)

Hasta ahora nos hemos limitado a hablar del miocardio, el músculo cardíaco. Evidentemente se trata del componente básico del corazón, ya que sus contracciones impulsan la sangre a los pulmones y al cuerpo. Pero son necesarias muchas cosas más para que el corazón funcione. De hecho, solo el 30 % de las células de tu corazón son musculares (los cardiomiocitos), aunque ocupen las tres cuartas partes de su volumen. Más de la mitad de tus células cardiacas son endoteliales, y el resto son fibroblastos y células musculares lisas. Veamos el origen de toda esta diversidad celular.

Antes de empezar, tenemos que describir cómo está formado el tubo cardiaco primitivo, el que se va a plegar para formar las cámaras cardiacas. Ese tubo tiene dos capas, el miocardio, que es la capa muscular, y un endocardio en su interior, formado por células endoteliales en contacto con la sangre. Cuando el corazón se pliega aparece en su superficie una tercera capa, que se conoce con el nombre de epicardio. Vamos a ver cómo estas capas contribuyen a formar lo que hemos denominado «accesorios» del corazón.

Empecemos por el endotelio. Estas células constituyen el revestimiento interno de todos los vasos sanguíneos. Hablaremos sobre su historia en el próximo capítulo. En el caso del corazón, además del endocardio que está desde el principio, encontramos el endotelio en las arterias, las venas y los capilares coronarios. Como ya he mencionado, este es el tipo celular más abundante de tu corazón. La abundancia de células endoteliales se debe al tremendo consumo de energía de las células miocárdicas, que requieren continuamente nutrientes energéticos y oxígeno. Cada cardiomiocito está suministrado por al menos un capilar. La sangre que circula por esos capilares procede de las arterias coronarias que emergen de la misma base de la aorta. Después la sangre confluye hacia las venas coronarias que desembocan en la aurícula derecha junto con el resto de la sangre venosa. Tu corazón, por tanto, tiene su propio circuito sanguíneo, independiente del resto del cuerpo.

El origen del endotelio coronario se ha debatido intensamente, y ha dado lugar a docenas de estudios y publicaciones científicas. Es probable que haya varias fuentes de endotelio coronario, con un predominio de células derivadas del propio endocardio embrionario. Las arterias coronarias están rodeadas de músculos lisos, que regulan el paso de la sangre, y de fibroblastos, células productoras de colágeno y otras moléculas que refuerzan las paredes vasculares. También hay abundantes fibroblastos alrededor de las células miocárdicas, que forman el llamado esqueleto fibroso del corazón.

Los fibroblastos y la musculatura lisa coronaria tienen un origen muy curioso. El corazón embrionario se va cubriendo poco a poco de una capa de células denominada epicardio. El epicardio embrionario es muy activo y, como veremos a continuación, da lugar a la gran mayoría de los fibroblastos y de la musculatura lisa coronaria. Este proceso tiene aspectos sorprendentes, y me resulta muy cercano por mi trabajo como investigador. Así que me vas a permitir que te cuente algo más al respecto.

Durante mucho tiempo se pensó que el epicardio no era más que el revestimiento externo del corazón, y no se le daba mayor trascendencia. Hace unos cincuenta años se observó que un cúmulo de células situado en la parte posterior del corazón embrionario se adhería a su superficie, y que estas células migraban sobre el miocardio y formaban el epicardio. Este origen externo al corazón ya resultaba llamativo, pero lo fue más constatar que parte del epicardio se transformaba en células muy activas que proliferaban masivamente e invadían el miocardio para dar lugar a la musculatura de los vasos coronarios y a la mayoría del tejido fibroso del corazón. El misterio del epicardio embrionario aumentó al comprobar que sus células expresaban genes típicos del riñón. De hecho, las mutaciones en estos genes perjudicaban al mismo tiempo el desarrollo del corazón y del riñón en los ratones. ¿Qué sentido tenía todo esto?

En nuestro laboratorio descubrimos que, en las lampreas, descendientes de los vertebrados más primitivos, el epicardio se formaba a partir de una estructura excretora embrionaria. Esa estructura era un glomérulo, la red de vasos en los que se produce la filtración de la sangre y la formación de la orina. En tus riñones, como veremos más adelante, los glomérulos están encerrados en un sistema de conductos que recogen la orina. En cambio, en los embriones de lamprea, los glomérulos más anteriores reproducen una situación ancestral, cuando la orina se filtraba hacia el celoma. Esto resolvió el misterio, ya que el epicardio evolucionó a partir de una estructura renal ancestral que perdió su función excretora y se encargó de suministrar al corazón los accesorios imprescindibles para su función.

Terminaré esta sección hablando de las válvulas cardiacas, otro accesorio imprescindible para el buen funcionamiento del corazón. Cada vez que las aurículas o los ventrículos impulsan la sangre (sístole) y luego se relajan (diástole) debe existir un mecanismo para evitar que la sangre vuelva hacia atrás. Para ello se disponen las válvulas tricúspide y mitral entre las aurículas y los ventrículos derecho e izquierdo, respectivamente. A la salida de los ventrículos se encuentran las llamadas válvulas semilunares aórtica (ventrículo izquierdo) y pulmonar (derecho). Las válvulas están formadas por un tejido fibroso, flexible y resistente, ya que tienen que soportar un trabajo durísimo.

En el caso de las válvulas atrioventriculares, sus células se forman por la transformación del endocardio, de una forma similar a lo que ocurre con el epicardio.[56] Esta transformación genera células productoras de colágeno y otras moléculas de la matriz extracelular. Lo mismo sucede con las válvulas semilunares, aunque estas cuentan con un aporte de la cresta neural que, como ya he explicado, también interviene en la separación de la salida aórtica y la pulmonar. Todas estas válvulas ya aparecen en los peces. De hecho, en los tiburones y en las rayas hay numerosas válvulas en la salida del ventrículo, y su mecanismo de formación es el mismo que utilizan nuestros embriones. Así que en esto no se ha tenido que inventar nada nuevo.

---

[56] Este tipo de transformaciones se denominan «transiciones epitelio-mesénquima». Intervienen en el epicardio y endocardio embrionario, como hemos visto, y también en el origen de la cresta neural y de muchos otros procesos de desarrollo en los que un epitelio se transforma en células invasoras. Algo interesante, cuando un tumor de origen epitelial origina células metastásicas, está utilizando de forma perversa esos mecanismos moleculares que gobiernan la transición epitelio-mesénquima.

Para saber más

- Centeno, Malfaz F, y Salamanca Zarzuela, B., «Embriología básica cardiaca», *Pediatr-Integral*, vol. XXV, n.º 8, págs. 438 – 442, 2021. https://www.pedia-triaintegral.es/publica-cion-2021-12/embriologia-basica-cardiaca/
- Muñoz-Chápuli, R.; Macías, D.; González-Iriarte, M,; Carmona, R.; Atencia, G. y Pérez-Pomares, J. M., «El epicardio y las células derivadas del epicardio: múltiples funciones en el desarrollo cardíaco», *Rev Esp Cardiol*, vol. 55, n.º 10, págs. 1070-82, 2002. Doi: 10.1016/s0300-8932(02)76758-4
- Nonaka, S.; Shiratori, H.; Saijoh, Y. y Hamada, H. «Determination of left-right patterning of the mouse embryo by artificial nodal flow», *Nature*, vol. 418, n.º 6893, pág. 96-9, 2002. Doi: 10.1038/nature00849.
- Pérez-Pomares, J. M.; González-Rosa, J. M. y Muñoz-Chápuli, R., «Building the vertebrate heart - an evolutionary approach to cardiac development. *Int J Dev Biol*, n.º 53, págs. 1427-1443, 2009. https://ijdb.ehu.eus/article/072409jp
- Shinohara, K.; Kawasumi, A.; Takamatsu, A.; Yoshiba, S.; Botilde, Y.; Motoyama, N.; Reith, W.; Durand, B.; Shiratori, H. y Hamada, H., «Two rotating cilia in the node cavity are sufficient to break left-right symmetry in the mouse embryo». *Nat Commun*, n.º 3, pág. 622, 2012. Doi: 10.1038/ncomms1624

Sin el sistema circulatorio
no hubiéramos llegado hasta aquí

En el capítulo anterior expliqué la historia de tu corazón y la convulsión que supuso tener que manejar dos circuitos de sangre al mismo tiempo, el venoso y el oxigenado. Este conflicto cambió el diseño del corazón y transformó la arquitectura de los vasos branquiales para redistribuir la sangre de forma adecuada. Ahora veremos los elementos básicos del sistema circulatorio: los vasos y la sangre. Es probable que te lleves alguna sorpresa, relacionada con el hecho de que sin una innovación revolucionaria en nuestro sistema circulatorio nunca hubiéramos llegado a ser lo que somos.

Del sistema hemal
al sistema circulatorio de los vertebrados

Tus vasos sanguíneos principales pueden ser arterias o venas. Las primeras llevan sangre oxigenada a los órganos y las segundas la recogen,[57] una vez que se ha suministrado oxígeno y nutrientes a los tejidos y se ha cargado de dióxido de carbono. Entre las arterias y las venas se extiende por los tejidos una red de finísimos capilares que garantiza el suministro a todas las células para que puedan ejercer sus funciones.[58]

Los vasos sanguíneos presentan tres capas. La más interna es el endotelio, formado por células muy delgadas, pero con funciones importantísimas. Alrededor del endotelio tenemos una capa de músculo liso que regula el paso de la sangre contrayéndose y relajándose bajo el control del sistema nervioso autónomo y de señales procedentes del propio endotelio. Finalmente, el vaso está rodeado de una capa fibrosa, conocida con el nombre de adventicia. Estas capas son más gruesas en las arterias, que tienen que soportar más presión, y más delgadas en las venas. Los finos capilares solo constan de endotelio y de unas células especiales llamadas pericitos.

Las dimensiones del sistema circulatorio son apabullantes. El endotelio de tu cuerpo pesa alrededor de un kilogramo, pero estamos hablando de un billón de células. Si las extendiéramos en una superficie ocuparían alrededor de 1000 metros cuadrados. Con ellas podríamos tapizar un par de campos de baloncesto y, aun así, sobrarían bastantes. Si en vez de extenderlas ponemos en fila todos tus vasos sanguíneos su longitud alcanzaría 100 000 km, suficiente para dar la vuelta al mundo dos veces y media.

La historia de los vasos sanguíneos de los vertebrados no es menos fascinante. Para contarla debemos recordar lo que aprendimos acerca del origen del corazón. En su momento hablamos

---

[57] Con la lógica excepción de las arterias y venas pulmonares, que llevan sangre venosa y oxigenada respectivamente.

[58] Otra excepción. El cartílago, como la epidermis, carece de vasos y sus células se nutren por difusión a través de la matriz cartilaginosa.

de que la distribución de los nutrientes intestinales se hace primariamente por difusión, a través de los tejidos. En los animales celomados, más complejos, se utiliza para el transporte de los nutrientes el espacio hemal, abierto entre el tubo digestivo y el mesodermo, o entre dos láminas de mesodermo. A este transporte contribuyó el desarrollo de un corazón, una bolsa del espacio hemal rodeada por músculo derivado de la pared del celoma. Esto es lo que vemos actualmente en los gusanos anélidos y en otros invertebrados.

Pero no en todos. Los artrópodos desarrollaron una curiosa alternativa, transformar directamente el celoma en una cavidad, el hemocele, por la que se distribuye la sangre. En este caso, el corazón se abre al celoma mediante una serie de orificios y bombea la sangre. Algo parecido hacen las sanguijuelas, que ramifican su celoma en una red de tubos y cavidades que imitan a nuestros vasos sanguíneos.

La forma más avanzada de distribuir los nutrientes al cuerpo entre los invertebrados la encontramos en los cefalópodos, pulpos y calamares. Para ello utilizan el propio revestimiento mesodérmico del espacio hemal, que es capaz de invadir los tejidos y abrir huecos por los que circula la sangre propulsada por varios corazones. Esto ha sido muy importante para su evolución. ¿Sabes cuál es la diferencia esencial entre los cefalópodos y todos los demás invertebrados? El tamaño. Los cefalópodos alcanzan tamaños mucho mayores que cualquier otro animal, exceptuando a los vertebrados. Esto está sin duda relacionado con la eficiencia de su sistema circulatorio, porque hay una relación entre esta eficiencia y la talla que puede alcanzar el organismo.

El tamaño importa. Al menos en los animales. Ser grande significa poder defenderse mejor de los depredadores y tener más potencia a la hora de capturar presas o recolectar alimento. Esto no significa que todos los linajes animales evolucionen hacia un mayor tamaño, ya que ser pequeño puede ser conveniente para ajustarse a determinados nichos ecológicos. Lo que sí es cierto es que la anatomía y la fisiología de un grupo de animales determinado restringen el tamaño máximo que puede alcanzar, si es que su evolución tiende hacia el crecimiento. Un ejemplo espectacular es el aumento de tamaño de los insectos durante el Carbonífero. Hubo libélulas que alcanzaron los 70 cm de envergadura. Esto fue posible gracias a los niveles de oxígeno atmosférico, que en esa época llegaron al 35 %. En la actualidad, el sistema de respiración de los insectos limita su tamaño, dado que el nivel de oxígeno en la atmósfera es del 21 %. Mala noticia, los insectos gigantes de las películas no podrían existir.

Los animales que difunden su alimento a los tejidos de forma pasiva no pueden medir más allá de unos pocos milímetros. Los que tienen un sistema circulatorio más o menos avanzado, como los artrópodos, anélidos o moluscos no cefalópodos, no pueden superar algunos kilos de peso.[59] Los cefalópodos son la excepción entre los invertebrados, y mayor excepción aún es el calamar gigante, que puede superar la media tonelada. Esto lo consigue porque su avanzado sistema circulatorio se lo permite, distribuyendo nutrientes a partes del animal alejadas del tubo digestivo y las branquias, origen de dichos nutrientes.

---

[59] Esponjas, medusas y almejas gigantes también pueden alcanzar pesos muy elevados, pero por otros motivos. En las esponjas no hay tubo digestivo y la captura del alimento está distribuida por todo el cuerpo. El alto contenido en agua de las medusas garantiza la difusión pasiva de nutrientes. En cuanto a las almejas gigantes, la mayor parte de su peso corresponde a la concha mineral.

A estas alturas ya te estarás preguntando: los animales más grandes, los peces, los dinosaurios, los elefantes, los cetáceos, siempre son vertebrados... ¿Se debe esto al sistema circulatorio?

En efecto, sin sistema circulatorio los vertebrados se hubieran quedado pequeños. Es más, diría que la propia organización de los vertebrados es impensable sin un sistema circulatorio como el que han desarrollado. Porque nuestro sistema circulatorio es diferente a todos los demás. Y la diferencia está en el endotelio.

El endotelio marca la diferencia

Como ya he explicado, la capa más interna de tus vasos sanguíneos está formada por delgadas células endoteliales. En los invertebrados los vasos, cuando existen, son divertículos del celoma o bien canales formados por el revestimiento del espacio hemal, pero no tienen endotelio. ¿Tan importante es la diferencia que supone tener un endotelio? Al fin y al cabo, no parece más que el tapizado interno de los vasos. Pues no, es mucho más que eso, y sus extraordinarias propiedades marcan una diferencia fundamental a favor de los vertebrados.

Las células endoteliales parecen muy pasivas, pero no lo son. Evitan que la sangre se coagule y se comunican con las células musculares que las rodean para regular el flujo de la sangre. Las señales moleculares procedentes del endotelio pueden relajar la musculatura y aumentar el diámetro del vaso. Además, en los sitios donde se produce un daño, el endotelio recluta células del sistema inmune para que puedan atravesar la pared vascular y solucionar el problema. Por tanto, el endotelio desempeña un papel clave en la inflamación.

El endotelio tiene otra propiedad, más sorprendente aún. Si las células vecinas se encuentran en hipoxia, es decir, les falta el oxígeno, emiten un SOS en forma de señales moleculares. Las células endoteliales que reciben ese mensaje se activan, proliferan, se convierten en células móviles que invaden el tejido hipóxico y forman nuevos vasos. De esta forma, la sangre oxigenada puede acceder a tiempo para evitar la muerte de las células. Este proceso de formación de nuevos vasos se denomina angiogénesis.

La angiogénesis es importantísima durante el desarrollo. Aunque los primeros vasos se forman por un mecanismo que veremos más adelante, a medida que el embrión crece sus tejidos van demandando oxígeno y provocando el continuo crecimiento de nuevos vasos. De esta forma, los vasos llegaron hasta el último rincón de tu embrión. Observa la diferencia con lo que ocurre en los invertebrados. Sea a partir del celoma o del espacio hemal adyacente, los vasos tienen dificultades para alejarse mucho del tubo digestivo. Los invertebrados, con la excepción de los cefalópodos, no pueden desarrollar grandes regiones del cuerpo alejadas del tronco. Sin embargo, tu cabeza, tus brazos y tus piernas se han desarrollado gracias a que en tu embrión el endotelio dirigió la formación de vasos a medida que estas zonas iban creciendo.[60] Esto sin hablar de la cabeza de los dinosaurios o la cola de las ballenas, alejadas muchos metros del intestino más cercano.

El endotelio y su capacidad angiogénica establecieron una diferencia esencial entre los invertebrados y los vertebrados. Asimismo, contribuyeron a la diferencia el encéfalo, los órganos sensoriales o la cresta neural, pero es cierto que el papel del endotelio

---

[60] La angiogénesis también tiene un lado oscuro. Cuando crece un tumor, sus células se vuelven hipóxicas y emiten las mismas señales de alarma de los tejidos normales. Esto induce la formación de vasos y el cáncer recibe nutrientes para seguir creciendo. Por eso una estrategia contra el cáncer es inhibir la perversa angiogénesis tumoral.

ha sido mucho menos reconocido. Tu encéfalo, ávido consumidor de oxígeno y nutrientes, no hubiera tenido ninguna posibilidad sin la invasión de vasos por un mecanismo de angiogénesis durante tu desarrollo.

¿De dónde salió el endotelio?

La siguiente pregunta es: ¿de dónde salió el endotelio de los vertebrados? Ya sabemos que la evolución inventa pocas cosas nuevas, pero tiene una enorme capacidad de reciclaje. Así que tendremos que ver qué tienen nuestros antepasados invertebrados que podamos reciclar para fabricar un endotelio.

La verdad es que no hay mucho donde elegir. Una posibilidad es el epitelio del celoma. Ya hemos visto cómo algunos animales, por ejemplo, las sanguijuelas, forman su sistema circulatorio con este epitelio. Luego está el mesodermo que rodea el espacio hemal, con el que los cefalópodos forman su red de vasos. Sin embargo, estas células se parecen más a la musculatura que rodea nuestros vasos que a un endotelio. La mejor pista que podemos seguir para responder a la pregunta son las primeras etapas embrionarias de la formación de nuestros vasos.

Los primeros indicios de un sistema circulatorio, aparte del tubo cardíaco, son los llamados islotes sanguíneos (Figura 17). Se forman en una estructura embrionaria llamada saco vitelino, que veremos más adelante y que equivaldría, salvando algunas distancias, a la yema de los huevos de reptiles y aves. Estos islotes están formados por cúmulos de células mesodérmicas. Las más internas forman las primeras células sanguíneas, sobre todo los eritrocitos (glóbulos rojos) y las más externas se convierten en el

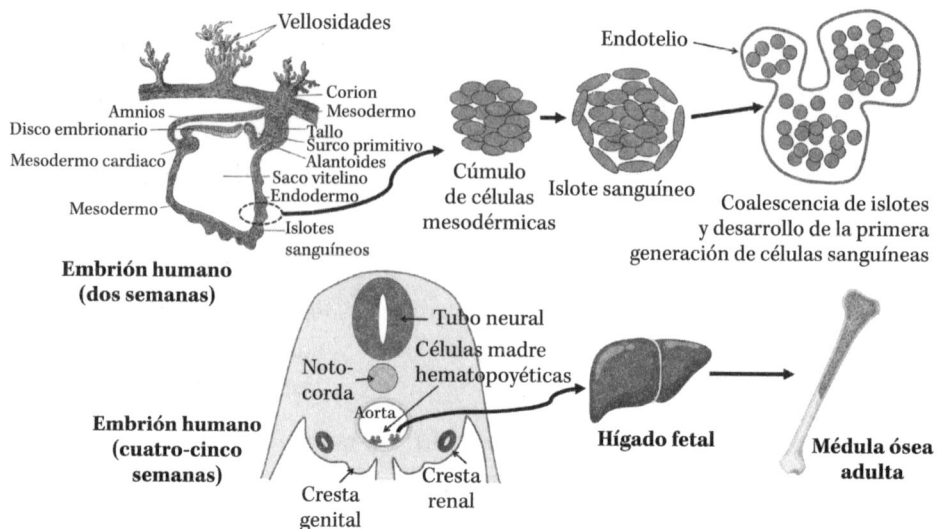

Figura 17. Desarrollo del sistema circulatorio humano. Los primeros vasos y las primeras células de la sangre se forman en el saco vitelino a partir de cúmulos de células mesodérmicas que constituyen islotes sanguíneos. Estos vasos conectan con los que se desarrollarán más adelante alrededor del tubo digestivo. Las células madre hematopoyéticas, que darán lugar a las células sanguíneas definitivas, emergen del endotelio de la aorta, se alojan y expanden en el hígado del feto y terminan colonizando la médula ósea.

endotelio. La coalescencia de los islotes origina una primera red de vasos que, poco a poco, se extiende al embrión y conecta con el corazón en desarrollo.

Estas primeras generaciones de células sanguíneas son transitorias. Tus células sanguíneas adultas derivan, como bien sabes, de células madre alojadas en tu médula ósea. El origen de esas células madre ha podido trazarse en el embrión hasta unas zonas concretas del endotelio de la aorta (Figura 17). Es decir, una microscópica porción del endotelio de tu aorta embrionaria produjo las células madre origen de las generaciones de glóbulos rojos y de leucocitos que han poblado y poblarán tu sangre a lo largo de toda tu vida. Increíble, ¿no?

Cuando las células madre hematopoyéticas aparecieron en el endotelio de la aorta, tus huesos estaban muy lejos todavía de empezar a formarse. Por tanto, esas células madre necesitaban un alojamiento provisional en el que formar generaciones de células sanguíneas mientras esperaban el desarrollo de tus huesos. Ese alojamiento fue el hígado fetal, principal órgano hematopoyético en el embrión junto con el timo, donde se forman los linfocitos T.

Lo que nos interesa ahora es que, efectivamente, los linajes sanguíneo y endotelial tienen un parentesco muy cercano. Por si fuera poco, el endotelio y las células sanguíneas expresan un cierto número de genes en común. Todo esto nos llevó a proponer la siguiente hipótesis hace algunos años. El endotelio de los vertebrados habría derivado de un tipo de células sanguíneas ancestrales que, en lugar de circular libremente, se fijaron y revistieron unos vasos primitivos formados por el mesodermo del espacio hemal. Ese mesodermo originó la capa de músculo liso de los vasos. Recuerda la capacidad del mesodermo para dar músculo, que ya he mencionado. De hecho, en los cefalópodos existen unas células llamadas amebocitos que se adhieren a la pared interna de los vasos y en ocasiones llegan casi a revestirlos, aunque no forman un endotelio. Esto es parecido a lo que pudo haber ocurrido en los ancestros de los vertebrados.

El revestimiento interno de los vasos garantizaba una buena coordinación de funciones entre el endotelio y las células del sistema inmune (el caso de la inflamación que hemos apuntado antes). También mejoraba el control del flujo sanguíneo, gracias a las señales endoteliales capaces de relajar la musculatura vascular. Sobre todo, este origen a partir de células libres ancestrales explicaba la proliferación endotelial y la adquisición de un comportamiento invasivo para la formación de nuevos vasos (la angiogénesis). No olvides que ya tienes células en tu sistema sanguíneo, como los macrófagos, que son capaces de invadir tejidos y de eliminar células o participar en la reconstrucción de áreas dañadas.

Dado que los invertebrados tienen células sanguíneas de tipos similares a los de los vertebrados, el endotelio no sería un nuevo invento, sino otro caso de reciclaje de un tipo celular ancestral hacia nuevas funciones. Como ha he dicho, la evolución no es una buena inventora, pero resulta insuperable a la hora de hacer bricolaje.

Para saber más

- Muñoz-Chápuli, R., «Evolution of angiogenesis», *Int J Dev Biol*, vol. 55, n.º 4-5, págs. 345-51, 2011. Doi: 10.1387/ijdb.103212rm
- Rodríguez-Núñez, I.; Romero, F.; González, M.; Campos, R., «Biología del desarrollo vascular: Mecanismos en condiciones fisiológicas y estrés por flujo», *Int. J. Morphol*; vol. 33, n.º 4, págs. 1348-1354, 2015. http://dx.doi.org/10.4067/S0717-95022015000400026

Hacer la digestión

Trataremos a continuación un sistema orgánico que puede parecerte poco atractivo, pero que es básico: el digestivo. Empleo a conciencia este término, básico, porque hemos visto en los capítulos anteriores que una de las principales claves de ser animal es el despliegue de algún tipo de actividad para obtener alimento. Esto se traduce morfológicamente en la posesión de una cavidad digestiva, primero, y un tubo digestivo más tarde. Esta característica implica una distinción, también básica, entre el endodermo del embrión (funciones digestivas) y el ectodermo (funciones de relación con el exterior). El mesodermo, es cierto, proporciona muchos sistemas y funciones al conjunto, pero estos sistemas y funciones son innovaciones que van completando y enriqueciendo el plan de diseño básico, formado por el ectodermo y el endodermo. Un diseño que se manifiesta en el proceso embrionario de la gastrulación, común a todos los animales, excepto en las esponjas y en los placozoos.

Ahora que ya hemos recordado esto, nos ocuparemos de los derivados del endodermo relacionados con el sistema digestivo. Ya hemos visto otros tejidos endodérmicos, como el epitelio de la faringe o de los pulmones, implicado en el intercambio de gases con el exterior y el origen de glándulas como la tiroides o el timo.

El sistema digestivo de tu cuerpo está constituido por un largo tubo dividido en regiones con funciones precisas. El epitelio interno es un derivado directo del endodermo embrionario. Alrededor se encuentran los tejidos mesodérmicos, sobre todo músculo liso y vasos, y todo el conjunto está rodeado por el peritoneo. El tubo digestivo está conectado con el resto del cuerpo a través del mesenterio dorsal (Figura 16), formado por el mesodermo embrionario y dos hojas de epitelio celómico. A través del mesenterio llegan los vasos que nutren el intestino y transportan los nutrientes absorbidos.

Vamos a ver cada una de las regiones de tu tubo digestivo y a contar un poco la historia de estas. Solo un poco, me temo. Los primeros vertebrados, que se alimentaban por filtración, probablemente tenían entre la faringe y el ano un tubo con funciones de absorción, sin regiones diferenciadas, además de un hígado y un páncreas. Esta sencilla organización se mantiene en las lampreas actuales. El estómago ya está establecido en los primeros vertebrados mandibulados, mientras que el esófago y la distinción intestino delgado/intestino grueso aparece en los anfibios. Así que han surgido pocas innovaciones desde entonces en la organización de nuestro aparato digestivo.

Un tubo largo, pero bien organizado

El esófago es un conducto que dirige el alimento desde la faringe hasta el estómago, al tiempo que atraviesa el diafragma en el caso de los mamíferos. Recordarás que el esófago, que no tiene más función que esa, surge de la necesidad de desplazar el estómago hacia atrás para dejar sitio a los pulmones. No tiene sentido, por tanto, que haya esófago en los peces.

El estómago, un ensanchamiento del tubo digestivo con paredes musculosas, tampoco venía en el diseño original, como ya he señalado. Los primeros vertebrados filtradores y sin mandíbulas procesaban el alimento conforme iba siendo adquirido. Esto cambió con la aparición de las mandíbulas y la posibilidad de engullir presas o porciones de alimento más grandes. Estas porciones necesitaban un procesamiento previo a su absorción por el intestino, un procesamiento consistente en un ataque químico y un amasado. La contracción de las paredes musculares del estómago y la producción de ácido clorhídrico por sus glándulas permitieron realizar estas funciones. Por tanto, podemos afirmar que tu estómago es una consecuencia del desarrollo de las mandíbulas y el consiguiente cambio en la alimentación.

La salida del estómago constituye una región muy especial desde el punto de vista del desarrollo embrionario. Es el duodeno, que forma una pronunciada curva antes de desembocar en el yeyuno y el intestino delgado. Esta zona fue muy activa en tu embrión, ya que su endodermo proliferó muchísimo y creció en dos direcciones. En dirección ventral, las células endodérmicas forman el primordio del hígado y el lóbulo ventral del páncreas. Otra proyección dorsal del endodermo produce el lóbulo dorsal del páncreas. En efecto, tu páncreas embrionario estuvo constituido por dos lóbulos independientes que terminaron reuniéndose y fusionándose.

Hígado y páncreas son los únicos lugares de tu cuerpo en los que el endodermo llega a adquirir un volumen importante. En otros lugares, como la faringe, los pulmones o el intestino, continúa siendo un delgado epitelio. El desarrollo del hígado y del páncreas es muy similar en todos los vertebrados, y estas vísceras no han cambiado sustancialmente durante su evolución. No me voy a extender sobre sus funciones, porque seguro de que las conoces. El hígado es el gran laboratorio bioquímico del cuerpo, mientras que los dos compartimentos del páncreas, el exocrino y el endocrino (los islotes de Langerhans) producen enzimas digestivas y hormonas indispensables para el metabolismo de los carbohidratos, respectivamente. Estos dos tipos de células secretoras derivan del endodermo, y un complejo sistema de señales moleculares hace que se diferencien en exocrinas o endocrinas.

Después del duodeno comienza el intestino delgado, dividido en dos partes, el yeyuno y el íleon, aunque no hay una separación definida entre ambas. De los 6-7 metros que mide tu intestino delgado, el yeyuno representa un 40 %, y es una región esencial para la absorción de los nutrientes. Para ello, el epitelio endodérmico cuenta con una superficie incrementada por millones de prolongaciones delgadas, las vellosidades intestinales. Las células epiteliales que cubren las vellosidades tienen a su vez microvellosidades que aumentan aún más la superficie de contacto con la papilla digestiva. Volvemos a las cifras asombrosas. Dicha superficie se estima entre 200 y 400 metros cuadrados. Las moléculas absorbidas son transportadas hasta el hígado por la vena porta. Es lógico que el hígado, tu gran laboratorio metabólico, tenga prioridad a la hora de procesar los nutrientes absorbidos. Las paredes del yeyuno cuentan además con una fuerte musculatura que facilita el avance de dicha papilla.

El íleon está situado más abajo y un poco más a la derecha en la cavidad abdominal. Aquí se completa la absorción de los nutrientes, aunque sus vellosidades son de mayor tamaño y menos abundantes. Las paredes del íleon son más delgadas y tienen menos vasos sanguíneos.

El epitelio intestinal está sometido a bastante estrés, debido al paso de la papilla digestiva, y tiene que ser renovado continuamente, como sucedía con la epidermis. Para ello existen células madre que se disponen en las llamadas criptas de Lieberkühn, pequeñas fosas situadas entre las vellosidades. Sorpréndete: tu epitelio intestinal de hoy no existía hace una semana. La renovación de sus células es mucho más rápida que la de tu piel.

Entre el intestino delgado y el grueso se encuentra el apéndice ciego, más correctamente llamado apéndice vermiforme. Se trata de un pequeño divertículo del intestino que mide alrededor de nueve centímetros y es conocido sobre todo por los problemas que puede causar en caso de infección. Si has pasado por una apendicitis sabes bien de lo que te estoy hablando. El caso es que durante mucho tiempo se pensó que se trataba de un vestigio, un derivado evolutivo de los grandes ciegos intestinales que poseen muchos herbívoros. En estos animales los ciegos alojan bacterias que les ayudan a digerir la celulosa. Darwin propuso que nuestros antepasados más lejanos se alimentaban de vegetales ricos en celulosa y tenían por ello un gran ciego digestivo. El cambio de dieta hacia la fruta y otros alimentos habría llevado a la degeneración progresiva del ciego hasta dar lugar a nuestro «inútil» apéndice.

Hoy sabemos que el apéndice ha evolucionado de forma independiente más de 30 veces en los mamíferos, algo muy improbable para una estructura supuestamente degenerada y sin función. La hipótesis más manejada en la actualidad es que nuestro apéndice sirve como una reserva del microbioma[61] intestinal, con el fin de repoblar el intestino en caso de necesidad, por ejemplo, después

---

[61]   En la actualidad se le da a las poblaciones bacterianas intestinales una gran importancia en el mantenimiento de la salud. El microbioma colabora estrechamente con el sistema inmunitario, entre otras funciones que están siendo investigadas.

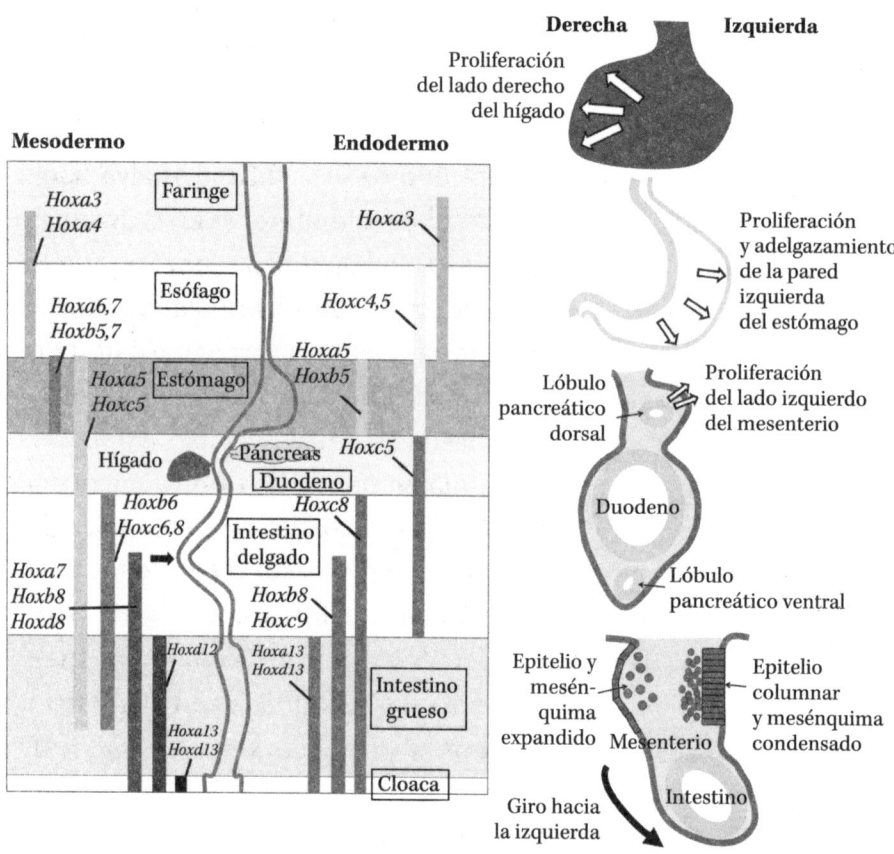

Figura 18. A la izquierda vemos como las distintas regiones del tubo digestivo están definidas por los límites de los dominios de expresión de los genes del complejo *Hox*, bien en el mesodermo que rodea al tubo digestivo (izquierda) como en el propio endodermo (derecha). La flecha marca el punto en que el tubo digestivo se une al saco vitelino, antes de su reabsorción. A la derecha se muestran los distintos mecanismos que causan la asimetría del tubo digestivo y sus derivados. El hígado crece preferencialmente hacia la derecha, mientras que la pared izquierda del estómago prolifera más rápidamente al tiempo que se adelgaza, aumentando la curvatura de ese lado. El lóbulo pancreático dorsal y el mesodermo que lo recubre también prolifera más hacia el lado izquierdo. Finalmente, un cambio en la arquitectura y la organización del mesenterio provoca la rotación del intestino hacia la izquierda.

de una enfermedad gastrointestinal. El tejido linfoide presente en el apéndice favorecería específicamente el albergue y crecimiento de las bacterias beneficiosas.

Entre el intestino delgado y el grueso se localiza la válvula ileocecal, que evita que el contenido de este último vuelva hacia atrás. El intestino grueso es un tubo de metro y medio de longitud y mayor diámetro que el intestino delgado. Su función es muy importante: absorber agua y sales minerales para concentrar las heces. De otra forma se perdería una importante cantidad de líquido. Cada día pasan por tu intestino alrededor de nueve litros de agua. Evidentemente no bebes tanto. Si sigues los sabios consejos de los nutricionistas, beberás un par de litros de agua al día. La mayor parte del agua intestinal procede de las secreciones del tubo digestivo (unos cinco litros y medio) y también de la saliva (litro y medio, o más si hablas mucho). El intestino delgado reabsorbe buena parte, alrededor del 80 %, pero corresponde al intestino grueso completar esta labor de absorción, de forma que en las heces solo se pierden diariamente alrededor de 100 mililitros de agua.

Es muy importante la flora bacteriana que en el intestino grueso sintetiza una serie de vitaminas necesarias para tu salud, como algunas del grupo B y la vitamina K. Otras bacterias digieren componentes vegetales, fibra y polisacáridos, proporcionando una pequeña cantidad adicional de nutrientes, sobre todo ácidos grasos de pequeño tamaño.

Finalmente, el intestino grueso desemboca en el recto, la última porción del largo tubo digestivo antes del ano. En cambio, en muchos otros animales existe otra región llamada cloaca, en la que desembocan, además del recto, el sistema excretor y el reproductor. Esto sucede en todos los tetrápodos, menos en los mamíferos. Es más, en nuestro embrión sí aparece una cloaca rudimentaria. ¿Por qué los mamíferos carecemos de cloaca[62] y dónde va a parar la de nuestro embrión? Paciencia, lo veremos en los dos próximos capítulos.

Para terminar, vamos a comentar la forma en que se regula la identidad de las diferentes regiones del tubo digestivo. Recuerda, ¿qué mecanismo genético permite establecer diferentes regiones a lo largo de un eje? Exacto, se trata nada más ni nada menos que del complejo de genes *Hox*. Pues resulta que este mismo complejo de genes alineados a lo largo de cuatro de tus cromosomas está determinando de forma muy precisa la identidad de las regiones de tu tubo digestivo. Como es largo de explicar, puedes verlo en la Figura 18. Las fronteras de los dominios de expresión de algunos de estos genes, sea en el mesodermo o en el endodermo, coinciden con los límites entre las regiones. En el epílogo comentaremos esta fascinante habilidad de nuestro desarrollo embrionario para utilizar con fines diferentes un mismo sistema de señales moleculares.

Las asimetrías del tubo digestivo

Como ya sabes, tu hígado se aloja a la derecha de la cavidad abdominal, mientras que el estómago y el páncreas quedan a la izquierda. El bazo[63] está muy asociado anatómicamente al estómago, y

---

[62] Excepto los monotremas, el ornitorrinco y el equidna. De hecho, el término «monotrema» significa un solo orificio.

[63] En realidad, el bazo debe considerarse como un elemento del sistema circulatorio, ya que alberga células sanguíneas, en particular linfocitos, y participa en el reciclado de los glóbulos rojos. Los vertebrados sin mandíbulas no tienen un bazo definido, solo grupos de células hematopoyéticas en la pared del intestino. En los tiburones y rayas el bazo es un órgano hematopoyético y produce sangre (recuerda que estos peces no tienen huesos donde albergar las células madre de la

por eso también termina situado en el costado izquierdo. Durante mucho tiempo se pensó que una rotación del tubo digestivo arrastraba a las vísceras hacia sus posiciones definitivas. Lo que no se conocía era qué mecanismo causaba tal rotación.

La cuestión se ha revelado como bastante más complicada (Figura 18). El estómago, por ejemplo, parece rotar, pero en realidad lo que sucede es que su pared izquierda crece más rápidamente que la derecha, ocupando ese espacio y arrastrando el mesogastrio dorsal y el bazo asociado hacia la izquierda. Algo parecido pasa con el hígado, sus células embrionarias proliferan más rápidamente en su parte derecha, mientras que las del lado izquierdo permanecen condensadas. A partir del duodeno, son las células del mesenterio dorsal las que organizan la asimetría. En el lugar en el que se está formando el páncreas dorsal hay mayor proliferación a la izquierda, mientras que más hacia atrás el epitelio de la parte derecha del mesenterio se expande mientras que las células de la parte izquierda forman columnas estrechas. Al mismo tiempo las células internas de la derecha producen mucha matriz extracelular, aumentando el volumen. A la izquierda, esas células internas permanecen condensadas. Todo esto provoca un giro del intestino hacia la izquierda. Como en el caso del corazón, la expresión diferencial de unos pocos genes a la derecha y a la izquierda es clave para explicar estos comportamientos diferentes.[64]

El crecimiento del intestino en una fase posterior del desarrollo va formando una serie de asas, una de las cuales llega a salir de la pared abdominal creando una hernia muy considerable

sangre). En la mayor parte de los vertebrados adultos esta función se pierde y el bazo está alojado en el mesogastrio, es decir, el mesenterio dorsal del estómago.

[64] Por si tienes curiosidad, el gen *Pitx2* es esencial en el control de la lateralidad. Se expresa en el lado izquierdo del embrión. Su inactivación en el embrión de ratón provoca múltiples problemas en la posición de las vísceras, lo que termina por causar la muerte del embrión.

y de aspecto bastante desagradable. Afortunadamente esta hernia termina reduciéndose y regresando a su lugar en el abdomen. Resulta admirable cómo varias vísceras, algunas muy grandes, y ocho metros de intestino terminan alojándose de forma precisa y ordenada en una cavidad relativamente pequeña. El desarrollo embrionario es fascinante.

Para saber más

- Grzymkowski, J.; Wyatt, B. y Nascone-Yoder, N., «The twists and turns of left-right asymmetric gut morphogenesis», *Development*, vol. 147, n.° 19, pág. dev187583, 2020. Doi: 10.1242/dev.187583
- Smith, H. F.; Parker, W.; Kotzé, S. H. y Laurin, M., «Morphological evolution of the mammalian cecum and cecal appendixx», *Comptes Rendus Palevol*; vol. 16, n.° 1, págs. 39-57, 2017. https://doi.org/10.1016/j.crpv.2016.06.001
- Roa, I. y Meruane, M., «Desarrollo del aparato digestivo», *Int J Morphol*, vol. 30, n.° 4, págs. 1285-1294, 2012. http://dx.doi.org/10.4067/S0717-95022012000400006

Nitrógeno y agua:
las dos preocupaciones de tu sistema excretor

Como ya he explicado en varias ocasiones, tu naturaleza animal implica la ingestión de materia orgánica y su oxidación dentro de las células para producir energía. El resultado de esa oxidación es, sobre todo, agua y dióxido de carbono, justo lo que la fotosíntesis de las plantas vuelve a convertir en materia orgánica. El destino de los carbohidratos y las grasas de tu dieta es precisamente ese, ya que están formados por carbono, oxígeno e hidrógeno. No obstante, las proteínas son otra historia. Recuerda que están formadas por cadenas de aminoácidos. La parte que nos interesa ahora de esta palabra es «amino». Se trata de un conjunto de tres átomos, concretamente dos de hidrógeno y uno de nitrógeno. Este modesto átomo de nitrógeno de los aminoácidos requerirá un tratamiento especial, y necesitará un sofisticado sistema en tu cuerpo que se ocupe de dicho tratamiento: el sistema excretor.

¡Cuántos problemas da el nitrógeno!

En el metabolismo de las proteínas, el grupo amino liberado tiende a unirse con otro hidrógeno, formando una molécula con tres hidrógenos unidos al nitrógeno. ¿Demasiada química? No te preocupes, esa molécula la conoces perfectamente. Se llama amoníaco. Huele fatal, funciona bien como producto de limpieza, pero es muy tóxico. No es nada saludable para ti estar produciendo amoníaco dentro de tus células. En los peces esto puede funcionar por una razón: viven en el agua. El amoníaco es muy soluble, y por ello lo eliminan fácilmente a través de las branquias en forma de ion amonio. Nunca llega a concentrarse en el cuerpo hasta niveles perjudiciales. Los riñones de los peces, además de contribuir a la eliminación del amonio, mantienen el equilibrio del medio interno en cuanto a agua y sales, y participan en la formación de células sanguíneas.

En tierra, la cosa es muy diferente. No podemos diluir el amoníaco en el aire y no nos queda más remedio que tratarlo químicamente para reducir su toxicidad. Una buena solución es transformar el amonio en urea, mucho menos tóxica.[65] Los anfibios producen más o menos urea según lo ligados que estén al medio acuático. Si pasan mucho tiempo en el agua, liberan amonio. Si tienen hábitos más terrestres, sintetizan urea. La urea solo tiene un inconveniente, y es que necesita mucha agua para su disolución. Esto en los anfibios no es un problema, porque siempre tienen agua a su disposición. Pero los reptiles y las aves han conseguido independizarse del medio acuático. Por ello, sintetizan

---

[65] Una curiosidad. Los elasmobranquios, tiburones y rayas, acumulan gran cantidad de urea y otra molécula similar en su sangre para reducir diferencias con el medio marino en cuanto a presión osmótica. Por eso su carne, si no está fresca, huele fatal, ya que libera amoníaco.

ácido úrico, que necesita mucha menos agua para su eliminación. Habrás observado, tal vez sobre tu propia ropa, lo espesa que es la orina blancuzca de las aves.

En los mamíferos hemos mantenido la urea como principal producto de excreción, como sucede en los anfibios. Aunque esto nos supone una mayor necesidad de agua, nuestra gran actividad nos permite acceder a ella. De todas formas, nuestras glándulas sudoríparas ya están derrochando agua para la termorregulación, así que un extra para la excreción no supone mucha diferencia. De manera que haz caso a los nutricionistas y bebe mucha agua cada día.

Del riñón y su sorprendente historia

Los invertebrados, que también necesitan librarse del nitrógeno, desarrollan los más diversos sistemas excretores. Pero no hay en ellos nada parecido al riñón de los vertebrados. En parte, esto se debe a la compleja historia evolutiva de nuestro riñón, que implica la asociación de elementos de muy diferente origen. De nuevo estamos ante una fascinante historia de bricolaje evolutivo.

Los primeros riñones de los vertebrados debieron ser glomérulos formados por vasos muy finos y rodeados por unas células especiales llamadas podocitos. Este nombre se refiere a las «patitas» o prolongaciones ramificadas de las células, que forman una tupida red y permiten la salida selectiva de moléculas de la sangre. Estos glomérulos primitivos se situaban a lo largo de la aorta dorsal, de donde recibían la sangre que circulaba por ellos.[66] Formaban una especie de salientes hacia la cavidad celómica, de forma

---

[66] Recuerda que el probable origen del epicardio del corazón, fuente de gran parte de las células cardiacas, pudo ser un par de glomérulos ancestrales que perdieron su función excretora.

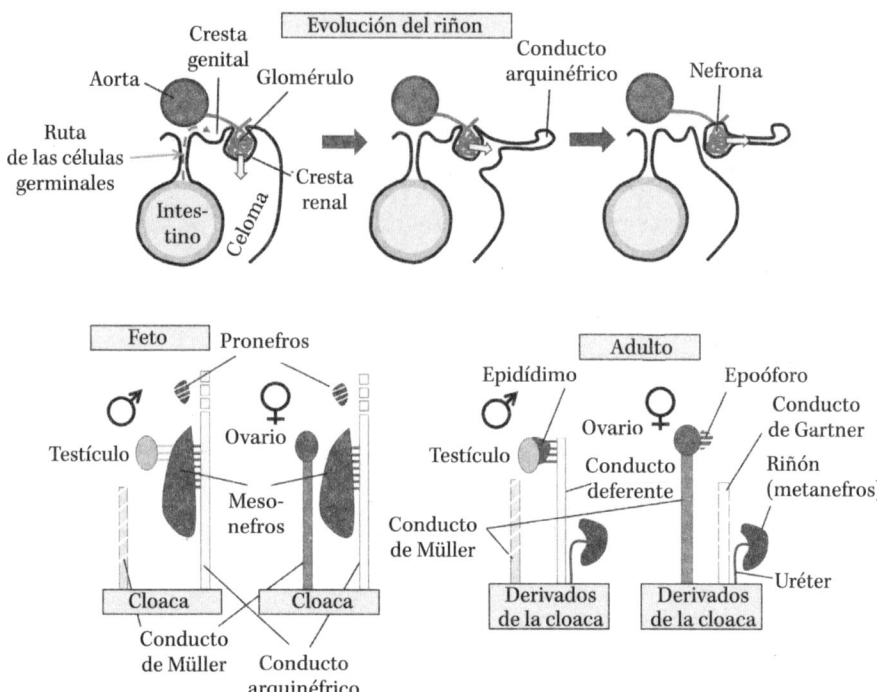

Figura 19. En la parte superior vemos cómo se produjo la evolución del sistema excretor para originar las nefronas, exclusivas en los vertebrados. En una primera etapa, los glomérulos en los que se produce la filtración de la sangre envían los desechos al celoma. Posteriormente se desarrollan conductos específicos (arquinéfricos) para conducir esos desechos al exterior. El aislamiento de los glomérulos en el sistema de conductos originó las nefronas. En la parte inferior vemos las relaciones entre excretor y reproductor en machos y hembras de mamíferos, etapa fetal y adulta. Observa la persistencia del conducto de Müller en hembras y la utilización del conducto arquinéfrico por el testículo para dar lugar al conducto deferente. El conducto de Müller origina parte de la vagina, el útero y las trompas de Falopio.

que las moléculas que escapaban del glomérulo terminaban cayendo en el celoma. Desde allí unos poros o conductos permitían su salida del cuerpo.

Una parte de estas moléculas filtradas permitía librarse del nitrógeno, mientras que otras serían más o menos útiles, con lo cual el sistema no resultaba muy eficiente. Además, liberar esta especie de «orina» primitiva al celoma tampoco parece muy higiénico. Por ello, el propio epitelio celómico debió formar un sistema de conductos independientes separados del celoma para dirigir hacia el exterior lo que salía de los glomérulos. El siguiente paso fue alojar los glomérulos en una bolsa de estos conductos, independizándolos del celoma. Los vertebrados habían inventado las nefronas (Figura 19).

Este sistema de filtración de la sangre se puede sofisticar todavía más. Por ejemplo, utilizando las células del conducto nefronal para reabsorber de forma selectiva todo lo que interese, dejando fuera los productos de la excreción. En primer lugar, interesa el agua, por supuesto. Los reptiles y las aves concentran la orina precisamente reabsorbiendo la mayor parte del agua antes de su eliminación. Tú también reciclas la mayor parte del agua filtrada en tus nefronas. De hecho, tu producción primaria de orina es de 150 litros diarios. ¡Imagínate que tuvieras que reponer esa agua bebiendo! (y es mejor que no te imagines el tiempo que pasarías en el baño). Afortunadamente, el 99 % del agua se reabsorbe en los túbulos renales, y de paso se regula la concentración corporal de sales y otras sustancias mediante su absorción selectiva.

El conjunto de nefronas y los vasos que las irrigan forman los riñones, que se disponen a lo largo del techo de la cavidad visceral como unas masas rojizas, sin forma definida en los peces y los anfibios. Esa situación se debe a que el tejido del riñón deriva de la cresta renal, un resalte del mesodermo situado a ambos lados del mesenterio dorsal y paralelo a la cresta genital que originará las gónadas.

En los reptiles, las aves y los mamíferos, los riñones son compactos, tienen forma de habichuela y ocupan una posición más retrasada en el cuerpo. Esto se debe a que durante el desarrollo embrionario se forman de una manera escalonada. Primero se desarrolla un pequeño riñón muy anterior, el pronefros, que degenera pronto.[67] Luego se forma otro riñón en una posición intermedia, el mesonefros. Este fue el riñón funcional durante las primeras semanas de tu vida fetal. Mientras tanto se va formando poco a poco un riñón más posterior, el metanefros, que empieza a producir orina a partir de la décima semana de gestación en humanos. Esta orina se diluye en el líquido amniótico que rodea y protege al feto.

Esta es la razón de que tus riñones se alojen en la parte baja de tu espalda. Su desarrollo gradual se debe a su gran complejidad. Cada uno de tus riñones alberga alrededor de un millón de nefronas, con sus túbulos, sus sistemas de reabsorción y sus vasos. Por tus riñones pasan 1500 litros de sangre diariamente para terminar produciendo una milésima parte de ese volumen como orina. Parece inevitable que el feto tenga que arreglarse con un modesto mesonefros durante un tiempo mientras que todo este aparato se va desarrollando gradualmente.

---

[67] No se forma en todos los vertebrados, mientras que en algunos peces permanece incluso en estado adulto, formando una especie de «riñón cefálico». En el embrión humano no hay un pronefros definido.

Reciclar las cañerías

Pronefros y mesonefros utilizan un mismo conducto excretor, el arquinéfrico. Este conducto desemboca en la cloaca embrionaria de la que te hablé en el capítulo anterior. El conducto arquinéfrico de tu embrión es el mismo conducto que utilizan los peces y los anfibios adultos para evacuar la orina y (en los machos) el esperma producido por los testículos. Esto se debe a que su riñón fetal es el mismo que el del adulto, aunque el testículo se apropia de sus túbulos más anteriores. En cambio, los reptiles, las aves y los mamíferos tienen el metanefros como riñón adulto, y este riñón desarrolla su propio conducto, el uréter. ¿Qué sucedió entonces con tu mesonefros y con tu conducto arquinéfrico, el sistema excretor fetal?

La respuesta es sorprendente, y va a depender de si eres mujer u hombre (Figura 19). En los embriones masculinos de los reptiles, las aves y los mamíferos, el testículo se apropia del conducto arquinéfrico y lo convierte en el conducto deferente adulto, que conduce el esperma al exterior. Además, el mesonefros se transforma tras el nacimiento en un órgano con una función completamente diferente, el epidídimo. Este órgano está situado encima y detrás del testículo y consta de abundantes canalillos muy enrollados. Sí, muy, muy enrollados. Si estiráramos tu epidídimo obtendríamos un cordoncillo de unos seis metros de longitud. Los espermatozoides deben atravesar el epidídimo para madurar y poder desplegar su capacidad fecundante. Tardan en hacer este recorrido entre 2 y 6 días. Durante este tiempo los espermatozoides se ven expuestos a un medio extraordinariamente complejo que incluye proteínas, moléculas de diferentes tipos y exosomas.[68] Este cóctel

[68] Los exosomas son vesículas producidas por las células y que transportan proteínas, lípidos, ácidos nucleicos y otras moléculas. Estas vesículas constituyen un importante mecanismo de co-

es imprescindible para que los espermatozoides resulten activados y puedan fecundar al óvulo.

La parte final del epidídimo produce el fluido seminal. Como sus paredes son musculosas, su contracción produce la expulsión del fluido y de los espermatozoides hacia el conducto deferente durante la eyaculación.

El mesonefros y el conducto arquinéfrico, responsables de la excreción en el feto, terminan poniéndose al servicio del testículo en el caso de los machos. ¿Qué pasa con las hembras y con las mujeres en particular? Pues que el ovario se las arregla muy bien sin tener que recurrir al conducto arquinéfrico. Para ello, el mesodermo próximo al ovario desarrolla el llamado conducto de Müller.[69] En los machos este conducto también existe, pero degenera rápidamente. El conducto de Müller formará un pabellón para recibir los óvulos producidos por el ovario. También dará lugar a la trompa de Falopio, el útero, el cuello uterino y una porción de la vagina.[70] Pabellones y trompas son estructuras pares, como también son pares los úteros en los mamíferos. Sin embargo, en las mujeres hay un único útero. Retomaremos este tema en el próximo capítulo.

El mesonefros en las hembras permanece de forma vestigial creando el epoóforo y el paraoóforo, dos conjuntos de pequeños túbulos sin una función clara. En cuanto al conducto arquinéfrico

---

municación entre las células. Los exosomas empezaron a ser bien caracterizados en la primera década de este siglo.

[69] La razón de todo este lío es que las gónadas de los vertebrados no vienen con un conducto «de serie». Es decir, en su diseño original las gónadas liberaban óvulos y espermatozoides al celoma. Esto todavía sucede en los anfioxos, unos parientes cercanos de los vertebrados. Los gametos se liberan en el celoma y salen al exterior por un orificio de dicha cavidad.

[70] Ahora estoy hablando solo de mamíferos. Reptiles y aves forman a partir del conducto de Müller un oviducto y otro tipo de glándulas, como las que segregan la albúmina del huevo y la cáscara.

de dicho mesonefros, que se ha quedado sin función por culpa del conducto de Müller, degenera y forma el conducto de Gartner, que tampoco sirve para otra cosa que dar, a veces, problemas (quistes).

Hemos mencionado que tus riñones definitivos utilizan los uréteres como conductos propios para evacuar la orina, dado que el conducto arquinéfrico o es utilizado por los testículos o degenera ante la formación del conducto de Müller. En realidad, los riñones no se forman y luego desarrollan los uréteres. Es más bien al revés. Un divertículo del conducto arquinéfrico, el futuro uréter, comienza a crecer hacia el metanefros embrionario, allí induce la formación de las nefronas y origina el sistema de conductos colectores y la cavidad interna de los riñones (pelvis renal). Los uréteres desembocan en la vejiga urinaria, que almacena la orina hasta su expulsión a través de la uretra. Tengo otra curiosa historia que contarte acerca de tu vejiga urinaria, pero será más adelante, cuando repasemos tu desarrollo embrionario.

Habrás comprobado que he empezado a hablar del sistema excretor y he terminado hablando de aspectos más relacionados con el reproductor. La historia evolutiva de estos dos sistemas está muy relacionada en los vertebrados, pero esto no tendría por qué ocurrir y, de hecho, no sucede en otros animales. La razón de esta relación estrecha, que es la causa de que hablemos del «sistema genitourinario», la veremos en el siguiente capítulo.

Para saber más

- Pérez, J. I., Serie de artículos sobre excreción en animales. https://culturacientifica.com/series/excrecion-y-osmorregulacion/
- Aboul-Mahasen, L. M. «Evolution of the Kidney», *Anatomy Physiol Biochem Int J*, vol. 1, n.° 1, pág. 555554, 2016. Doi: 10.19080/APBIJ.2016.01.555554

Soma y germen: tu sistema reproductivo

Muy al principio de este libro mencioné la distinción entre células somáticas y germinales, una diferenciación esencial para comprender lo que significa ser animal. Por si a estas alturas se te ha olvidado, te recordaré que las células germinales son las encargadas de producir los gametos, óvulos y espermatozoides, cuya unión originará un nuevo individuo. Las células somáticas se encargan de... todo lo demás. Fundamentalmente constituir un cuerpo que proteja y nutra a las células germinales y garantice que cumplen su misión reproductora. Cuando un animal lucha por su supervivencia pensamos que defiende su cuerpo, pero podemos considerarlo también como una forma de salvaguardar el linaje germinal que ha recibido de sus antepasados y que intenta legar a la siguiente generación. El linaje germinal sería inmortal, en cierto sentido, mientras que el cascarón somático que lo alberga y protege tendría fecha de caducidad. Esto es lo que llamamos... la muerte. Solo viéndolo de esta forma podemos entender por qué muchos animales mueren tras la reproducción. Por no ponernos muy fúnebres, te recordaré la frase del estupendo novelista inglés del siglo XIX Samuel Butler: «una gallina es solo la forma que utiliza el huevo para fabricar otro huevo».

En fin, fabrique o no descendientes, lo que debe hacer tu compartimento somático es disfrutar de ese maravilloso regalo que es la vida. Y ahora vamos a ver qué parte de dicho compartimento se va a encargar de que tus células germinales estén cómodas y puedan cumplir su trascendental misión.

La azarosa historia de las gónadas

Una de las cuestiones que más sorprende a los estudiantes de Biología es la distinción radical entre gametos y gónadas. Las células germinales, productoras de gametos, y las gónadas, que pertenecen al compartimento somático, tienen historias completamente diferentes. Tus gónadas, como sucede en todos los demás vertebrados, se forman en el embrión a partir de un resalte del mesodermo situado a los lados del mesenterio dorsal (Figura 19). Este resalte se llama la cresta genital y está justo al lado de la cresta renal que, como vimos en el capítulo anterior, origina los riñones y sus conductos. Esta proximidad física en el embrión es lo que explica la estrecha relación entre el sistema reproductor y el excretor. También explica que se produzca el «robo» del conducto arquinéfrico (excretor en el feto) por parte del testículo, para formar el conducto deferente por donde circula el esperma. Al fin y al cabo, lo tiene justo al lado.

La cresta genital forma primero unos órganos indiferenciados que, más adelante y bajo la inducción de hormonas masculinas o femeninas, originan los testículos o los ovarios, respectivamente. Esto quiere decir que el lugar original de las gónadas se localiza, como los riñones, en el techo de la cavidad abdominal. Allí permanecen los ovarios, pero, en el caso de los mamíferos, los testículos migran hacia detrás y se alojan en un divertículo de dicha cavidad, el saco escrotal. Esto es necesario para reducir su temperatura, ya que la generación de espermatozoides se ve alterada por temperaturas altas. Los demás vertebrados mantienen los testículos en una posición similar a la de los ovarios.

Los ovarios y los testículos están constituidos por varios tipos de células cuya misión es la de albergar, nutrir y regular la proliferación y diferenciación de las células germinales. Es importante que sepas que las gónadas no contienen células germinales mientras se están formando. Estas están esperando a que las gónadas estén listas para instalarse en ellas. Para llegar hasta su destino, las células germinales deben viajar, a veces, a gran distancia de su origen.

La larga marcha de las células germinales

En ocasiones, las células germinales se reconocen desde etapas muy tempranas del desarrollo. Es el caso de nuestro ya familiar gusano *Caenorhabditis*. Cuando el cigoto resultante de la fusión del óvulo y el espermatozoide se divide por primera vez, ya podemos saber que una de las dos células hijas pertenece al linaje germinal y la otra al somático. La del linaje germinal, cuando se divide, vuelve a dar una germinal y otra somática. Esto vuelve a ocurrir en las sucesivas divisiones de forma que el compartimento somático se va construyendo poco a poco.

En los vertebrados esto no es tan patente, pero las células germinales suelen establecerse muy pronto en la parte más posterior del embrión. En los mamíferos se localizan en el margen posterior del saco vitelino. Allí esperan a que las crestas genitales se estén desarrollando, y solo entonces viajan hacia ellas. En tu caso, tus células germinales fueron desplazándose hacia delante a lo largo del intestino embrionario, luego ascendieron por el mesenterio y encontraron a los lados las crestas genitales (Figura 19). Esto es fácil de decir, pero estamos hablando de unas células que tienen que abrirse paso a través de una matriz extracelular que para ellas puede ser como un tabique de pladur para nosotros. Para avanzar cuentan con un buen sistema de proteínas que las vuelven móviles, además de un arsenal de enzimas que degradan la matriz.

El caso de las aves es especial. Su embrión es tan grande que las células germinales no podrían recorrer la distancia que les separa de las crestas genitales. Lo que hacen es buscar un vaso sanguíneo cercano, atravesar su pared y dejarse llevar por el torrente circulatorio. Cuando pasan por la aorta, a nivel del mesenterio dorsal, se fijan a la pared arterial, la atraviesan y ya están justo al lado de las crestas genitales.

Fabricar óvulos o espermatozoides, nada que ver

Ya tenemos las gónadas, femeninas o masculinas, y en su interior unas células germinales que podrán dar lugar a óvulos o espermatozoides. Como acabo de señalar, ambos procesos son completamente diferentes. Primero veremos el caso de los espermatozoides, que es muy parecido en todos los vertebrados.

Tus células germinales tienen, como las demás células de tu cuerpo, dos dotaciones cromosómicas, una heredada de tu madre y otra de tu padre. Estamos hablando de 23 pares de cromosomas. 22 pares son los cromosomas autosómicos, mientras que el par 23 lo constituyen los cromosomas sexuales, XX si eres mujer o XY si eres hombre. Los gametos masculinos tienen la mitad de cromosomas, es decir 22 más un X o un Y. De esta forma, cuando se unan al óvulo, que siempre tiene 22 cromosomas más un X, reconstituirán los 23 pares.

El proceso por el cual se reduce a la mitad el número de cromosomas en los gametos (de 46 a 23) se llama meiosis. No voy a detallar este proceso celular. Sí quiero que entiendas que las células germinales masculinas tienen que producir muchos, muchísimos espermatozoides. En cada mililitro de semen humano pululan entre 15 y 200 millones. Imagínate a qué velocidad hay que producirlos. Por tanto, mucho antes de la meiosis es necesario organizar un proceso para expandir las células precursoras de los espermatozoides. Este proceso se basa en algo que ya he explicado, el sistema de células madre con divisiones asimétricas. La célula germinal, llamada espermatogonia, se divide en dos, una que mantiene el carácter de espermatogonia y otra que entra en un proceso irreversible de proliferación, dando lugar a 2, 4, 8, 16, 32 descendientes. A lo largo de una serie de divisiones, el número de precursores derivados de una espermatogonia habrá aumentado exponencialmente. Bastan veinte ciclos de división para llegar al millón de descendientes de nuestra espermatogonia original, y ten en cuenta que contamos con miles de espermatogonias funcionando como células madre. Solo al final de esta cadena se produce la meiosis y la diferenciación de los espermatozoides. Mientras siga habiendo espermatogonias al principio de la cadena, la producción de espermatozoides no se detendrá.[71]

---

[71] Salvo que la producción de espermatozoides sea estacional, como sucede en muchos mamíferos. Esta producción se regula por determinadas células del testículo, que están en contacto con las espermatogonias y sus descendientes, y controlan todo el proceso mediante señales moleculares.

La producción de óvulos es completamente diferente en el caso de las hembras de mamíferos.[72] En los ovarios de las mujeres, las células germinales proliferan muy rápidamente durante la vida fetal. Hacia la vigésima semana de gestación ya hay muchísimas ovogonias, alrededor de 7 millones. A partir de ese momento se produce una hecatombe, una muerte masiva de ovogonias que reduce su número. En el momento del nacimiento han sobrevivido solo un par de millones, y para la pubertad solo quedan 40 000 ovocitos alojados en folículos. De estos, aproximadamente 400-500 llegarán a diferenciarse como óvulos.[73] Lo más notable es que el proceso de diferenciación, es decir, la meiosis, comienza ya en los primeros meses de vida. Los ovocitos que no mueren inician la meiosis, pero no la completan, se quedan bloqueados. Solo podrán romper ese bloqueo en el periodo comprendido entre la pubertad y la menopausia, cuando acaben por culminar la meiosis y diferenciarse en óvulos. ¡Algunos ovocitos habrán esperado casi medio siglo para terminar este proceso!

Los ovocitos, en las mujeres, están sometidos a oleadas hormonales que provienen de la hipófisis. En cada ciclo, uno de los óvulos que está en proceso de maduración responde a las señales, culmina el proceso de meiosis y termina siendo expulsado del ovario por la rotura de la pared del folículo. Observa que esta ovulación sigue el patrón de los antepasados de los vertebrados, ya que se produce hacia la cavidad celómica. Afortunadamente, el óvulo será recogido por el pabellón de las trompas de Falopio,

---

[72] Otros vertebrados que producen gran cantidad de óvulos, como los peces o los anfibios, tienen un sistema de expansión exponencial parecido al de las espermatogonias. Récord absoluto: el pez luna. Es capaz de poner 300 millones de huevos de una sola vez.

[73] No te confundas, los ovocitos son diploides, tienen dos dotaciones cromosómicas. Los óvulos han completado la meiosis y tienen solo una, como los espermatozoides.

podrá ser fecundado allí por el espermatozoide e iniciará su desarrollo. De esto hablaremos en el capítulo siguiente.

He descrito lo que sucede en nuestra especie, pero la diversidad de procesos de ovulación en los vertebrados es enorme y contrasta con la relativa conservación de los mecanismos de producción de espermatozoides. La ovulación en los mamíferos puede ser estacional, continua todo el año, o puede ser inducida por la cópula para asegurar la fecundación. En el caso de la reproducción estacional, suele estar controlada por el fotoperiodo (la duración del día). En otros casos la reproducción se desencadena con el comienzo de la temporada de lluvias o el aumento de la humedad ambiental.

En cuanto a la implantación del embrión en el útero también encontramos posibilidades varias. Una de ellas, que practican más de cien especies de mamíferos, es la implantación diferida. El embrión detiene su desarrollo muy pronto y no se adhiere a la pared del útero. De esta forma, el periodo de gestación puede alargarse durante semanas o meses. Las ratas, por ejemplo, hacen esto si están amamantando a las crías, y solo permiten la implantación de los nuevos embriones una vez que han destetado a la camada anterior. Los corzos se aparean en otoño y su periodo normal de gestación haría que los corcinos (sí, se llaman así) nacieran durante el crudo invierno. Retrasan la implantación varios meses y los nacimientos se producen en la primavera. Más extremo es el caso de la foca de Wedell, la especie que vive más al sur de todos los mamíferos, en la Antártida. Solo regresa a tierra firme para aparearse y dar a luz. La cópula se produce en diciembre (pleno verano austral) y el alumbramiento entre octubre y noviembre, unos 10 meses después. Sin embargo, el periodo de gestación es de 6 meses. La implantación retardada durante varios meses permite que las encantadoras foquitas nazcan en plena primavera.

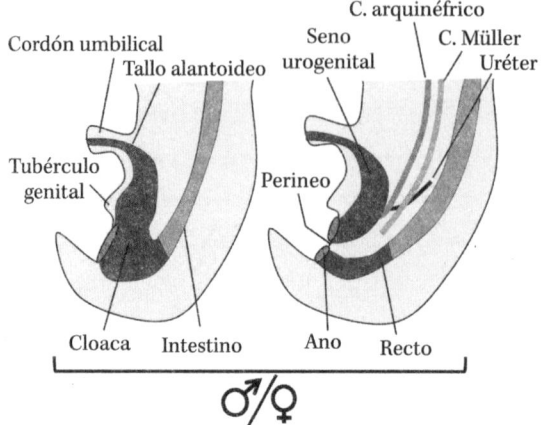

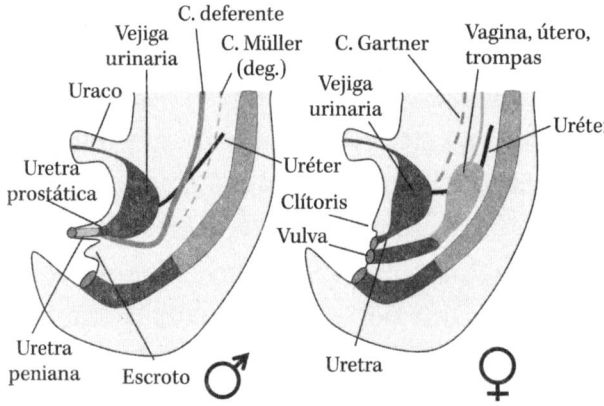

Figura 20. Desarrollo de los derivados de la cloaca (en gris más oscuro) en mamíferos, primero en dos momentos sucesivos de la etapa indiferenciada (izquierda), y luego en fetos masculinos y femeninos. Observa la tabicación de la cloaca, que da lugar al recto y al seno urogenital, y cómo este seno urogenital se diferencia en machos y hembras. Aquí puedes ver el distinto destino de los conductos de Müller (degenerado en machos, tracto genital femenino en hembras) y arquinéfrico (deferente en machos, conducto de Gartner en hembras).

Como ves, las historias relacionadas con las estrategias reproductivas de los vertebrados son muchas y muy apasionantes, pero me temo que no tenemos espacio para tratarlas aquí en detalle. No te preocupes, que algo añadiré en el próximo capítulo. Ahora mejor que regresemos a la historia de partes de tu cuerpo que son particularmente interesantes.

Una cloaca ancestral muy bien aprovechada

En los capítulos anteriores he contado que los aparatos digestivo y excretor de los anfibios, los reptiles y las aves desembocan en la cloaca. También el sistema reproductor lo hace, sea por conductos derivados del conducto arquinéfrico (machos) o del conducto de Müller (hembras). Asimismo, he mencionado que los mamíferos más primitivos, los monotremas, poseen cloaca como sus antepasados reptilianos. Sin embargo, nosotros hemos transformado esta cloaca, que se sigue formando en nuestros fetos, en una serie de importantes derivados (Figura 20). Una transformación radical, te aviso.

Tu cloaca fetal quedó muy pronto dividida en dos compartimentos por un tabique. El espacio posterior forma la parte terminal del recto. El compartimento más anterior forma una cavidad transitoria, el seno urogenital. La parte externa del tabique separador constituye el perineo. El conducto arquinéfrico desemboca en el seno urogenital y, solo en el caso de las mujeres, también desemboca ahí el conducto de Müller. Este seno está conectado con una estructura importantísima para nuestro desarrollo, el alantoides. Lo veremos en el próximo capítulo.

La parte más profunda y ensanchada del seno urogenital forma tu vejiga urinaria y además la llamada uretra prostática (si eres hombre) o casi toda la uretra (si eres mujer). En la mujer, la parte más superficial y estrecha del seno urogenital forma las dos terceras partes de la vagina. Esta vagina derivada del seno urogenital se conecta con el conducto de Müller, que genera el tercio más profundo de la vagina, el cuello del útero y el resto del tracto reproductor femenino. La uretra prostática masculina recibe a los conductos arquinéfricos transformados en los conductos deferentes de los testículos, y continúa en la uretra peniana, cuyo origen veremos a continuación.

Justo delante de la apertura del seno urogenital hay una pequeña protuberancia, el tubérculo genital. En los hombres este tubérculo crece y desarrolla un surco ventral que se cierra y constituye la uretra peniana. Finalmente, el tubérculo habrá formado el pene y su glande. En el caso de las mujeres, el tubérculo da lugar al clítoris, y la uretra derivada del seno urogenital desemboca directamente al exterior. Los laterales de la abertura del seno urogenital forman los labios mayores de la vulva o se fusionan para dar lugar al saco escrotal, que será el alojamiento de los testículos cuando desciendan desde su posición original.

En todos los casos, la vejiga recibe los uréteres que evacuarán la orina producida por los riñones definitivos. Recuerda que estos uréteres crecen desde el conducto arquinéfrico hacia los riñones e inducen su formación.

Como verás, los mamíferos hemos sabido sacar mucho partido de la poco atractiva cloaca de nuestros antepasados reptilianos. Después de lo que hemos visto, estarás de acuerdo conmigo en que ser un mamífero es estupendo.

Para saber más

- Teaston, V. «Development of the reproductive system», *TeachMe Series*. https://teachmeanatomy.info/the-basics/embryology/reproductive-system/
- Oposinet. *Órganos y funciones de reproducción en los vertebrados*. https://www.oposinet.com/temario-de-biologia/temario-1-biologia/tema-45-rganos-y-funciones-de-reproduccin-en-los-vertebrados/

Apoyar el desarrollo de tu cuerpo

El proceso típico de la reproducción sexual en el reino animal consiste en la unión del óvulo y el espermatozoide para constituir un cigoto, múltiples divisiones celulares, un proceso de gastrulación y la formación de los diferentes órganos. Lo habitual es que el embrión se las tenga que arreglar por su cuenta. Para ello cuenta con unas instrucciones genéticas en su ADN y una reserva de nutrientes con el fin de producir energía. Normalmente, el embrión está completamente solo en su empresa. No obstante, en algunos grupos de animales se desarrollan mecanismos para paliar esta soledad, bien sea protegiéndolos de amenazas o, en el mejor de los casos, aportándoles nutrientes adicionales para mejorar sus posibilidades de supervivencia. En el primer caso, tenemos a los caballitos de mar, cuyos machos alojan los huevos en una bolsa, las víboras y otros reptiles que los mantienen en el interior de la hembra hasta su eclosión, o las aves, que los incuban en un nido.

El segundo tipo de apoyo a los embriones, el aporte externo de nutrientes, es más complicado y ha aparecido muy pocas veces a lo largo de la evolución. De hecho, los dos ejemplos más notables son los elasmobranquios (tiburones y rayas) y los mamíferos placentados. La diversidad de sistemas que han desarrollado los elasmobranquios para alimentar a sus embriones y fetos es fascinante. Por citar solo algunos ejemplos, los hay que segregan una especie de «leche uterina», una sustancia grasa que entra en el feto por la boca o las branquias. Un refinamiento de este sistema son los «pezones uterinos», prolongaciones de la pared del útero[74] que se meten por los espiráculos del feto para proporcionarle esta sustancia lechosa. Más sofisticado es lo que llevan a cabo algunos tiburones, como el tiburón blanco. Sus hembras no dejan de ovular durante la gestación. Los fetos se topan con huevos cargados de vitelo y los van engullendo dentro del útero. Y todavía más extremo es el tiburón toro, cuyos fetos se van devorando entre sí hasta que quedan los dos más fuertes. Esto se conoce como «canibalismo intrauterino». Mucho menos dramático, pero más eficaz, es lo que realizan los tiburones martillo, que desarrollan una especie de falsa placenta a partir de su saco vitelino. Esta se adhiere a la pared del útero y, a través de ella, el feto recibe nutrientes de la madre.

Esta última solución es similar a la que han desarrollado los mamíferos placentados, aunque, como veremos a continuación, los caminos que han seguido los mamíferos y los tiburones son muy diferentes. Antes de eso, te contaré brevemente por qué es interesante, o puede que no, alimentar a la descendencia.

---

[74] No confundir este útero, la porción del oviducto donde se desarrollan los fetos de los elasmobranquios, con el útero de mamífero. En ambos casos se forman a partir del conducto de Müller embrionario, pero por vías diferentes.

Dos estrategias reproductivas

La reproducción sexual implica la participación de un macho y una hembra que aporten sus gametos. Para ello, dedicarán una cantidad determinada de esfuerzo, tiempo y energía. A esto se le denomina inversión parental. Si tienes hijos, ya sabes a lo que me refiero. La forma en la que se administra esta inversión es lo que se conoce como estrategia reproductiva. Por ejemplo, una primera decisión debe ser: ¿tenemos muchos descendientes o pocos? La respuesta rápida podría ser que, desde el punto de vista del interés de la especie, cuantos más mejor. Sin embargo, tener pocos descendientes también supone obtener ventajas, concretamente concentrar la inversión parental en ellos y aumentar sus probabilidades de llegar a la edad adulta y reproducirse.

Los peces nos proporcionan unos ejemplos claros de ambas estrategias. Los teleósteos pueden poner miles o incluso millones de huevos. Eso sí, los huevos y los alevines tendrán que ser necesariamente pequeños, los padres no se podrán ocupar de ellos y su probabilidad de sobrevivir y llegar a adultos será ínfima. Se trata de competir por el número, más que por las posibilidades de supervivencia. Los tiburones realizan exactamente lo contrario. El tiburón blanco, que alimenta a su único descendiente mediante la ovulación continua, nace con un metro y medio de longitud. Este feroz recién nacido tiene todas las papeletas para llegar a ser adulto y reproducirse.[75]

Regresemos a los mamíferos. Se trata de un grupo que ha apostado claramente por la segunda estrategia, tener pocos descendientes y aumentar todo lo posible sus probabilidades de llegar

---

[75] A estas estrategias se las conoce como r (muchos descendientes, aunque vulnerables) y K (pocos, pero muy competitivos).

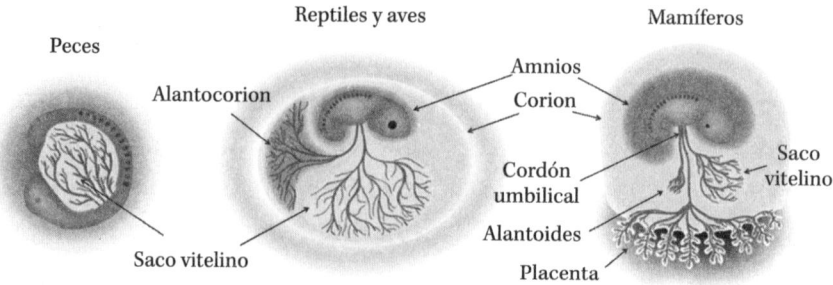

Figura 21. Anejos extraembrionarios en peces, reptiles, aves y mamíferos. El saco vitelino es el más primitivo de estos anejos, y permite movilizar el vitelo hacia el embrión. Los reptiles, las aves y los mamíferos cuentan con un amnios y un corion que aíslan al embrión en un medio acuoso. También desarrollan un alantoides que, en los reptiles y las aves, forma el alantocorion para el intercambio gaseoso con el exterior, entre otras funciones. El mesodermo del alantoides, al interaccionar con el corion y el útero materno, forma la placenta en los mamíferos placentados.

a ser adultos. Esta proeza se consigue, por supuesto, a través del suministro de nutrientes mediante la placenta; pero también, y esto es muy importante, gracias al amamantamiento y la protección de las crías. Es decir, nuestra inversión parental se distribuye tanto antes como después de nuestro nacimiento. Algo parecido hacen las aves, que incuban los huevos antes de la eclosión y luego alimentan a los pollos durante bastante tiempo.

La diferencia entre las aves y nosotros, los mamíferos, es que las aves ponen huevos con una gran provisión de alimento, el vitelo o yema del huevo. El huevo de los mamíferos placentados carece completamente de vitelo. Esto obliga a que desde muy pronto se genere una serie de estructuras que apoyan el desarrollo del embrión y que llamamos anejos extraembrionarios (Figura 21). Y trataremos esto a continuación.

Un saco vitelino... sin vitelo

El saco vitelino es el anejo extraembrionario más común entre los vertebrados. Eso sí, hay vertebrados con vitelo y sin saco (los anfibios), mientras que otros tienen saco sin vitelo (los mamíferos placentados). En todos los demás grupos (los peces, los reptiles y las aves), el endodermo del tubo digestivo embrionario forma un saco alrededor del vitelo, la yema del huevo. Esto es necesario por una mera cuestión de espacio, dado que el vitelo es grande y el embrión pequeño. El endodermo del saco vitelino y los vasos que el mesodermo asociado forma en su superficie, movilizan los nutrientes y los dirigen hacia el embrión en crecimiento. De esta forma, el saco va reduciéndose a medida que el embrión crece y en el momento del nacimiento ya ha desaparecido, una vez cumplida su misión.

¿Por qué los anfibios y los mamíferos se apartan de la regla general? En el caso de los anfibios, resulta que la cantidad de vitelo contenida en el huevo es moderada, y el embrión puede incorporarlo a su tubo digestivo durante el proceso de la gastrulación. El caso de los mamíferos placentados es diferente a todos los demás, ya que desde muy pronto la madre proporcionará los nutrientes que necesita el embrión, luego veremos de qué forma. Por tanto, nuestro huevo carece completamente de vitelo. Entonces, ¿por qué tu embrión desarrolló un saco vitelino?

La respuesta probablemente esté en esa capacidad temprana de formar vasos y sangre que tiene el saco vitelino (recuerda la Figura 17). De esta forma, tu embrión, aunque estaba en una fase muy inicial de su desarrollo, tenía ya a su disposición células sanguíneas, en particular los glóbulos rojos que facilitaron el transporte del oxígeno aportado por tu madre.

Una cámara sellada

El segundo anejo extraembrionario que vamos a ver es el amnios. Su origen está en la transición de los anfibios a los reptiles. Esta transición implica la independencia del medio acuático para el desarrollo. Los huevos de los peces y los anfibios necesitan desarrollarse en el agua. Para que los reptiles pudieran librarse de esta necesidad tuvieron que hallar una alternativa. Esta consistió en una membrana que rodeaba completamente al embrión creando una cámara sellada llena de líquido. Esa membrana se conoce con el nombre de amnios, y el espacio que delimita es la cavidad amniótica. Es decir, los reptiles, las aves y los mamíferos siguen desarrollándose en un medio acuoso, como los primeros vertebrados, pero han conseguido tener una «piscina» particular, aislada del exterior. La innovación del amnios supuso un cambio tan radical en el modo de vida de los vertebrados que hoy día se reúnen a los reptiles, las aves y los mamíferos en un mismo grupo taxonómico, los amniotas, como puedes ver en la Figura 1.

Los reptiles y las aves generan su amnios por el crecimiento de los márgenes del ectodermo. Estos márgenes se pliegan sobre el embrión, lo recubren y terminan fusionándose sobre él para dejarlo encerrado. Más tarde, el ectodermo sigue creciendo y recubre una vez más al embrión formando el corion, la membrana que en los reptiles y las aves se adosa a la superficie interna de la cáscara del huevo. En los mamíferos el amnios se desarrolla muy pronto por un mecanismo un poco diferente, la formación de un hueco en las células que recubren al embrión, que en ese momento tiene el aspecto de un pequeño disco. Las células mesodérmicas siempre acompañan tanto al amnios como al corion, revistiendo su superficie.

El alantoides, menos popular que el amnios, pero ¡muy importante!

Pues sí, yo creo que todo el mundo ha oído hablar del amnios, la bolsa amniótica, la amniocentesis, romper aguas y demás. El alantoides tiene mucha menos popularidad, pero su protagonismo es bastante mayor. Al fin y al cabo, el amnios solo forma un saco, pero el humilde alantoides está ahí para resolver todos los problemas creados por el amnios.

¿Nuestro amnios crea problemas? Pues sí. Precisamente porque aísla al embrión en un espacio cerrado. En los reptiles y las aves, los nutrientes pueden llegar a través del saco vitelino, como he explicado, pero el embrión necesita también oxígeno para su metabolismo, y deshacerse del tóxico dióxido de carbono. En la «piscina amniótica», rodeado además del corion y de una cáscara, corre el riesgo de ahogarse si se queda sin intercambio de gases.

Este es el sentido del alantoides, que es inseparable del amnios. El alantoides comienza su desarrollo como una bolsita del endodermo posterior. Esta bolsita crece hacia fuera del embrión, rodeada siempre de mesodermo, y termina adhiriéndose al corion que, recuerda, tapiza la superficie interna de la cáscara. El mesodermo que queda atrapado entre el alantoides y el corion desarrolla su tradicional vocación vascular y recubre esa superficie interna de vasos. Problema resuelto, el alantocorion (fusión de alantoides y corion) funciona como una especie de pulmón, captando oxígeno del exterior y expulsando el dióxido de carbono.

Asimismo, el alantocorion tiene otras ventajas. Absorbe la albúmina que rodea al vitelo, cuando existe.[76] También moviliza el

---

[76] En las aves siempre hay albúmina (la clara del huevo) que suministra agua y proteínas al embrión, además de tener propiedades antimicrobianas. Pero el huevo de muchos reptiles carece de albúmina.

calcio de la cáscara, provocando que poco a poco sea más delgada y facilitando la eclosión, además de aportar ese calcio al embrión. Y su cavidad permite el almacenamiento de orina.

Esta última función es especialmente llamativa. En los mamíferos la orina se expulsa al líquido amniótico, pero en los reptiles y en las aves el alantoides funciona como una especie de vejiga urinaria. De hecho, está anatómicamente conectado con dicha vejiga, como vimos en la Figura 19. Esto ha llevado a especular que tal vez el origen del alantoides estuvo en una especie de saco extraembrionario de almacenamiento de orina que tuvo que asumir más funciones ante la aparición del amnios y el aislamiento del embrión.

Del alantoides a la placenta

Después de lo que he explicado acerca de lo que supone el alantoides de los reptiles y las aves para la relación del embrión con el medio ambiente no nos puede sorprender lo que sucede en los mamíferos. Efectivamente, el mesodermo alantoideo y el corion van a entrar en contacto con la pared del útero y van a formar la placenta. A través de ella y gracias al entrecruzamiento de los vasos maternos y fetales, tu embrión obtuvo el alimento que necesitaba para crecer e intercambió el oxígeno y el dióxido de carbono. Eso sí, mientras que el alantoides de los reptiles y las aves se desarrolla relativamente tarde, en los mamíferos aparece muy temprano. También es cierto que en la formación de la placenta humana el saco alantoideo se reduce a un pequeño cordón, y el principal protagonista es el mesodermo que lo recubre.

Anteriormente, he dicho que el alantoides se forma a partir de una expansión del endodermo de la parte más posterior del intestino, lindando con la cloaca. El tallo de esta expansión conectará la placenta con el feto, es decir, será el cordón umbilical. El feto envía sangre a la placenta a través de dos arterias y la recibe, cargada de oxígeno y nutrientes, a través de una vena. Tu ombligo, como bien sabes, es la cicatriz que deja la pérdida del cordón umbilical. Lo que quizá no sepas es que entre tu ombligo y tu vejiga urinaria persiste un cordón fibroso, llamado uraco, que es el residuo de tu alantoides (lo puedes ver en la Figura 19). Este uraco subraya esas relaciones evolutivas entre alantoides, placenta y vejiga urinaria de las que te he hablado.

Nuestra inversión parental nos hizo especiales

Un comentario final acerca de la placenta. Comenzamos este capítulo tratando el tema de la inversión parental, que es el esfuerzo que dedican los progenitores a asegurar la supervivencia de sus descendientes. Es evidente que el caso de los mamíferos es especial. El plan básico de los animales consiste en cargar el óvulo de más o menos vitelo, soltarlo en el medio ambiente para que un espermatozoide lo encuentre y dejarlo a su suerte para que se desarrolle y sobreviva. Esto es lo que hacen muchos invertebrados y también la mayoría de los peces y anfibios.[77] Una mejora de este plan consiste en retener los óvulos dentro del cuerpo para que el macho los fertilice antes de la puesta, mejorando las posibilidades de fecundación. Los artrópodos, los cefalópodos o los reptiles practican esto.

---

[77] En realidad, muchos anfibios ponen los huevos sin fecundar, pero desarrollan comportamientos especiales para asegurarse de que en ese momento haya un macho por allí cerca.

Todavía más ventajosa es la transferencia de nutrientes de la madre al embrión o feto, como ocurre en los tiburones y las rayas, además de en los mamíferos placentados. La placenta es el sistema más sofisticado y eficaz para garantizar esta transferencia, hasta el punto de que es innecesario que el óvulo contenga reservas nutritivas, por primera y única vez en la evolución animal.

Sin embargo, los mamíferos placentados no se conformaron con una importante inversión prenatal. Tras el nacimiento, las crías de los mamíferos son alimentadas y protegidas, prolongando el periodo de crecimiento asistido más allá del parto. Es concebible que este periodo postnatal de crecimiento les permitiera desarrollar un sistema único de integración de la información y elaboración de respuestas en su sistema nervioso. Los mamíferos desarrollamos en nuestro cerebro (recuerda, el telencéfalo que vimos al principio del libro) una estructura nerviosa denominada neocórtex o corteza cerebral. Las neuronas del neocórtex establecen las conexiones que nos permitirán procesar la información que continuamente recibimos y elaborar las respuestas más adecuadas ante los problemas que nos plantea la existencia. Creo que esta es la definición más estricta de lo que conocemos como inteligencia.

La gran novedad de nuestro neocórtex es que estas conexiones se producen tanto en la etapa fetal como en el periodo postnatal, en el que somos alimentados y protegidos por nuestros padres. En ese periodo experimentamos con el medio que nos rodea, acumulamos sensaciones, somos estimulados continuamente... En una palabra: ¡jugamos! Y esto, que solo es posible gracias a una considerable inversión parental pre y postnatal, es lo que nos hace especialmente inteligentes a los mamíferos dentro del reino animal, y a los humanos dentro de los mamíferos.

Para saber más

- Rojas, M. y Rodríguez, A., «Anexos embrionarios», *Int J Med Surg Sci*, n.° 1, págs. 301-309, 2014. Doi: 10.32457/ijmss.2014.037
- De la Rosa Ruiz, S., «¿Amor de padres? Costes de la inversión parental en aves». https://allyouneedisbiology.wordpress.com/tag/teoria-de-la-inversion-parental/

Epílogo
La doble historia de tu cuerpo

Al principio de este libro te expliqué que tu cuerpo es el resultado final de dos historias. La primera, con una duración que se mide en miles de millones de años, es la historia evolutiva. Un recorrido que implicó la formación de células eucariotas, la organización pluricelular, el origen de los animales, la aparición de los vertebrados, la transición del medio acuático al terrestre y el origen de los mamíferos, con sus extraordinarias innovaciones. La segunda historia, mucho más corta, comprende los nueve meses de desarrollo embrionario en los que tus células han ido proliferando y organizándose de forma muy precisa para formar tejidos y órganos funcionales. Ahora acabaré por contarte que estas dos historias, en realidad, están íntimamente conectadas.

Volvamos a la aparición de la pluricelularidad. Ya te he explicado que la mayor parte de nuestros genes se ocupan de que cada célula de nuestro cuerpo funcione adecuadamente, produzca su energía, sintetice las moléculas que necesita y, eventualmente, se divida. Estas cuestiones básicas son más o menos las mismas si hablamos de un organismo unicelular o si se trata de una de nuestras neuronas. Esto significa que el programa de desarrollo embrionario de los animales está controlado por una serie de genes que no son los que se ocupan del funcionamiento básico de cada célula. Estos genes gobiernan la proliferación, organización espacial, comunicación intercelular y diferenciación de las células embrionarias. Hemos visto un buen ejemplo de estos genes, los pertenecientes al complejo *Hox*, que establecen fronteras espaciales y definen regiones del embrión.

A finales del siglo XX se produjeron dos descubrimientos relevantes. El primero fue que el número de los genes que regulan el desarrollo es relativamente pequeño. No puede sorprendernos, porque ya he mencionado que la mayor parte de nuestro genoma atiende a procesos básicos comunes en todas las células. El segundo descubrimiento, más importante, es que estos genes reguladores del desarrollo son los mismos para todos los animales. Esto llevó al concepto de la «caja de herramientas genética», es decir, la construcción de cualquier embrión animal se regula a través de la actuación coordinada de un conjunto concreto de genes que funcionan como las herramientas de un taller. Son las variaciones en dicha actuación, y no las diferencias en los propios genes, los que llevan a un montón de células a construir una mosca, un calamar o un ser humano. Ocurre lo mismo cuando la diferente utilización de herramientas similares sobre piezas de metal parecidas construye un automóvil, un tractor o un helicóptero. No existen, por tanto, los «genes de mosca», que producen moscas o los «genes de humano» que nos producen a nosotros.

Este nuevo concepto tuvo unas consecuencias trascendentales desde el punto de vista de la teoría evolutiva. Si la actividad de los genes de la «caja de herramientas» era la responsable de generar formas determinadas, cambios en dicha actividad (mutaciones) podrían producir formas diferentes, innovaciones evolutivas que estarían sometidas al filtro de la selección natural. Esta idea tenía un inconveniente. Los genes que regulan el desarrollo se han conservado muy bien a lo largo de la evolución, en muchos casos son intercambiables entre organismos. Por ejemplo, se ha mostrado que un gen que regula el desarrollo de los ojos de mamíferos provoca la formación de ojos ectópicos (fuera de su lugar normal) si se inserta en el genoma de las moscas. Ojos de mosca, por supuesto.

Esta paradoja fue explicada cuando se comprendió el modo en que funcionan las herramientas genéticas. Su actuación, es decir, su expresión, está cuidadosamente regulada por una serie de modificadores que determinan dónde y cuándo se produce dicha expresión. Los modificadores, regiones del ADN que no se traducen en proteínas, sí pueden sufrir mutaciones que induzcan cambios en dónde y cuándo se aplica la herramienta genética. Esos cambios pueden llevar a la producción de novedades evolutivas. Hemos visto varios ejemplos en este libro. Por citar alguno, recuerda cómo los cambios en los límites de la expresión de genes del complejo *Hox* varían el tamaño de las regiones de la columna vertebral. De esta forma se alarga el cuello y la región sacra de las aves, o se expande la región torácica de las serpientes a expensas de las demás regiones.

Este cambio conceptual es muy importante y ha llevado al desarrollo de una importante ampliación de la teoría evolutiva que recibe el nombre de evo-devo (por *evolution and development*) o biología evolutiva del desarrollo. La visión clásica afirmaba que la evolución se produce por mutación al azar y selección natural. Este proceso, sin duda, es importante para la adaptación de las poblaciones a un medio cambiante, para la evolución a pequeña escala. Pero las innovaciones evolutivas, los grandes cambios, la emergencia de novedades podrían estar más relacionadas con variaciones en los programas del desarrollo embrionario. Las mutaciones relevantes para este fenómeno no son las que afectan a las proteínas codificadas por el conjunto del genoma, sino a las regiones reguladoras de la expresión de un grupo particular de genes. En concreto, los contenidos en la caja de herramientas genética que controla los procesos de desarrollo.

Las relaciones entre evolución y desarrollo ya fueron señaladas por el biólogo alemán Ernst Haeckel en el siglo XIX. En un intento de fusionar las disciplinas biológicas, propuso que el desarrollo embrionario se producía por la superposición de las novedades generadas por la selección natural darwiniana a lo largo de la evolución. De esta forma, el desarrollo recapitularía todos los episodios evolutivos precedentes o, dicho en palabras de Haeckel, «la ontogenia (el desarrollo) recapitula la filogenia».

Esta idea quedó desacreditada pronto, pero es cierto que tenía una cierta capacidad explicativa. Por ejemplo, el hecho de que el embrión humano desarrolle estructuras branquiales transitorias. La concepción evo-devo, al insistir en el potencial evolutivo del desarrollo, sí nos proporciona una explicación diferente, al relacionar ontogenia y filogenia en el sentido opuesto al que pensaba Haeckel. En cierto modo, serían variaciones en la ontogenia (el desarrollo) el motor de la filogenia (la evolución). Dicho de otra forma, los mecanismos de la ontogenia contienen un potencial decisivo para la generación de novedades evolutivas.

Así que ya ves, las dos historias que conducen a tu cuerpo están más relacionadas de lo que podrías pensar. Sin ir más lejos, hoy se admite que la hominización debe mucho a una aceleración del desarrollo embrionario de nuestros antepasados, que conlleva que nuestro cuerpo, al llegar a adulto, haya retenido muchas semejanzas con los jóvenes o incluso con los fetos de los chimpancés y los bonobos, nuestros parientes más cercanos. Es decir, el control de la velocidad de los procesos de desarrollo ha sido un factor crucial en la constitución final de ese cuerpo humano cuya historia te he contado a lo largo de estas páginas.

Tu cuerpo es el resultado de un desarrollo embrionario controlado por la «caja de herramientas genética», pero también es consecuencia de la acumulación de innovaciones evolutivas acaecidas en el desarrollo de los seres que te han precedido a lo largo de cientos de millones de años. Tal vez no te sientas del todo feliz con tu cuerpo, aun así espero que este libro haya conseguido convencerte de que es maravilloso y único. Por tanto, merece tus más exquisitos cuidados y, por supuesto, el respeto de todos los que te rodean.

Para saber más

- Carroll, S. B., «Evo-devo and an expanding evolutionary synthesis: a genetic theory of morphological evolution», *Cell*, vol. 134, n.º 1, págs. 25-36, 2008. Doi: 10.1016/j.cell.2008.06.030.
- Muñoz-Chápuli, R., «Evo-devo: el origen de la novedad en la evolución», *Sociedad Española de Bioquímica y Biología Molecular (SEBBM)*, Ciencia para todos. https://sebbm.es/acercate-a/evo-devo-el-origen-de-la-novedad-en-evolucion/

Apéndices

GLOSARIO

Arco hioideo: Arco branquial posterior al arco mandibular. Interviene en la sujeción de este último al cráneo. En tetrápodos origina la columela (=estribo de mamíferos) y el hueso hioides de la laringe.

Bilaterales: Animales con ejes anteroposterior y dorsoventral, así como simetría bilateral (salvo pérdida de estos ejes en la evolución, como sucede en los equinodermos). Incluye a todos los animales excepto esponjas, placozoos, cnidarios y ctenóforos.

Blastoporo: Orificio de la gástrula, originado por la entrada del endodermo y la formación de la cavidad digestiva. Normalmente acabará siendo la boca de los protóstomos.

Cartílago de Meckel: Elemento inferior del arco branquial mandibular. Forma la mandíbula inferior de los elasmobranquios y los holocéfalos. En los demás vertebrados mandibulados origina el hueso articular, elemento de articulación de la mandíbula inferior, excepto en mamíferos, donde forma el martillo del oído medio.

Celoma: Cavidad interna que rodea las vísceras de muchos animales. Siempre está recubierta de un epitelio celómico mesodérmico.

Cigoto: Célula resultante de la unión de óvulo y espermatozoide.

Conducto arquinéfrico: Conducto mesodérmico excretor en el embrión y el feto. En machos adultos de amniotas origina el conducto deferente de los testículos, mientras que en las hembras forma el conducto de Gartner, sin una función precisa.

Conducto de Müller: Conducto mesodérmico embrionario que degenera en los machos y da lugar al tracto genital de hembras, en particular a parte de la vagina, el útero, las trompas y los pabellones en hembras de mamíferos.

Cresta genital: Resalte mesodérmico a los lados del mesenterio dorsal. Origina las gónadas que albergan a las células germinales.

Cresta neural: Conjunto de células ectodérmicas procedentes de los márgenes laterales del tubo neural embrionario de los vertebrados. Migran por todo el cuerpo dando lugar a múltiples derivados, incluyendo las neuronas externas al sistema nervioso central, células endocrinas, melanocitos, arcos branquiales, muchos huesos del cráneo o la dentina de los dientes.

Cresta renal: Resalte mesodérmico adyacente a la cresta genital. Origina los riñones embrionarios y adultos, así como los conductos arquinéfrico y de Müller.

Deuteróstomos: Grupo de animales cuya boca no deriva del blastoporo, sino que es un orificio nuevo de la cavidad digestiva. Incluye a equinodermos, hemicordados y cordados (urocordados, cefalocordados y vertebrados).

Ectodermo: Capa celular más superficial del embrión de los eumetazoos. Da lugar a la epidermis y el sistema nervioso, así como a la cresta neural de los vertebrados.

Endodermo: Capa celular más interna del embrión de los eumetazoos. Básicamente origina órganos relacionados con la digestión. En vertebrados da lugar al hígado, el páncreas y el epitelio interno de la faringe, el tubo digestivo y los pulmones.

Eucariotas: Seres vivos cuyas células tienen los cromosomas empaquetados en un núcleo, además de mitocondrias y otros orgánulos celulares. Este grupo incluye a todos los seres vivos excepto a las bacterias y las arqueas (procariotas).

Eumetazoos: Animales con proceso de gastrulación en su desarrollo embrionario, cavidad digestiva y sistema nervioso. Incluye a todos los animales excepto a las esponjas y los placozoos.

Gastrulación: Proceso del desarrollo de los eumetazoos por el cual un grupo de células (el endodermo) se introduce en el embrión y forma una cavidad digestiva.

Heterotrofia: Generación de energía a partir de la oxidación de materia orgánica. Es el proceso habitual en los animales y los hongos.

Hueso dérmico: Hueso formado por células de la dermis, por lo que suele estar localizado bajo la piel. En los primeros vertebrados formó un caparazón defensivo. En los mamíferos son huesos dérmicos los de la bóveda craneana, el paladar, la mandíbula inferior y la clavícula.

Hueso endocondral: Hueso formado por la sustitución de un cartílago preexistente por células productoras de matriz ósea. En los mamíferos son endocondrales todos los huesos excepto los mencionados en la definición anterior.

Mesenterio: Doble hoja mesodérmica que sostiene al intestino por la parte dorsal. A través del mesenterio, el tubo digestivo recibe vasos y nervios.

Mesodermo: Capa celular intermedia del embrión temprano de los animales bilaterales, intercalada entre el ecto y el endodermo. En los vertebrados origina la musculatura, el esqueleto (excepto el derivado de la cresta neural), y los sistemas circulatorio, excretor y reproductor (excepto las células germinales).

Musculatura apendicular: Conjunto de músculos de las aletas de los peces y miembros de los tetrápodos. Derivan de células que migran desde los somitos.

Musculatura axial: Musculatura derivada directamente de los somitos. En los peces se dispone lateralmente a lo largo del cuerpo, formando paquetes en forma de W. En los tetrápodos da lugar a numerosos músculos asociados a la columna vertebral y a las paredes del tronco.

Neuromastos: Células sensoriales ciliadas situadas en la superficie del cuerpo de los peces (cabeza y línea lateral). Detectan movimientos en el agua. Son los precursores evolutivos de las células sensoriales del oído interno (equilibrio y audición).

Notocorda: Varilla rígida y flexible formada por células llenas de líquido a presión que constituye el eje esquelético primitivo de los cordados. Tanto en la evolución como en el desarrollo embrionario de los vertebrados es progresivamente sustituida por la columna vertebral.

Palatocuadrado: Elemento superior del arco branquial mandibular. Forma la mandíbula superior de los elasmobranquios y los holocéfalos. En los demás vertebrados mandibulados origina el hueso cuadrado, elemento de articulación de la mandíbula inferior, excepto en los mamíferos, donde origina el yunque del oído medio. En su parte más anterior, el palatocuadrado también contribuye a la fijación de la caja craneana a la bóveda, originando el hueso aliesfenoides de los mamíferos.

Placodas: Estructuras embrionarias formadas por el ectodermo, precursoras de órganos sensoriales o ganglios nerviosos. Las placodas principales (olfatorias, ópticas, óticas y adenohipofisaria) se forman por interacción del ectodermo superficial y el neural.

Protóstomos: Animales cuya boca deriva directamente del blastoporo. Incluye a la gran mayoría de eumetazoos.

Somitos: Estructuras mesodérmicas embrionarias en forma de paquetes de células regularmente dispuestos a los lados de la notocorda. Dan lugar a la musculatura axial, a las vértebras, a las costillas y a la dermis. La migración de células desde los somitos también origina la musculatura apendicular y, solo en los mamíferos, el diafragma.

Teleóstomos: Vertebrados con mandíbulas secundarias, formadas por huesos dérmicos de la bóveda craneana y del revestimiento de la mandíbula inferior. Son teleóstomos todos los vertebrados mandibulados actuales excepto los elasmobranquios y los holocéfalos.

Tetrápodos: Vertebrados con patas en lugar de aletas. Este grupo incluye a anfibios y amniotas (reptiles, aves y mamíferos).

ATRIBUCIONES DE LAS FIGURAS

Figura 2: Diseñada utilizando imágenes de Freepik, Köhler's Medizinal-Pflanzen y Alberto Romeo (CC BY 3.0).

Figura 3: Imágenes de dominio público (Pidalka44 y Philcha).

Figura 5: Cráneos de Edoarado (CC0 1.0) y Preto (CC BY-SA-3.0).

Figura 8: Imagen de *Drosophila* de Wikipedia (dominio público). Genes *Hox* de ratón de bstlee (DP). Columna vertebral de Freepik (brgfx). Serpiente de freesvg (CC0 1.0). Esqueleto de ave de WR Smith y JS Newel (1889, DP).

Figura 12: Piel humana de Don Bliss, Wikimedia commons File:Anatomy The Skin - NCI Visuals Online.jpg, (CC BY-SA 4.0).

Figura 13: Desarrollo pulmonar de OpenStax CNX. Located at: http://cnx.org/contents/14fb4ad7-39a1-4eee-ab6e-3ef2482e3e22@8.25. CC BY-SA 4.0. Sacos aéreos de L Shyamal (DP).

Figura 15: Desarrollo cardiaco modificado de OpenStax College. CNX Anatomy & Physiology Textbook. Creative Commons Attribution 3.0.

Figura 16: Pérez-Pomares, J. M.; González-Rosa, J. M. y Muñoz-Chápuli, R., «Building the vertebrate heart – an evolutionary approach to cardiac development». *Int J Dev Biol*, n. º 53, págs. 1427-1443, 2009. https://doi.org/10.1387/ijdb.072409jp.

Figura 17: Embrión humano de Henry Vandyke Carter - Henry Gray (1918) *Anatomy of the Human Body* Bartleby.com: Gray's Anatomy, Plate 21 Dominio public. Hígado y hueso de brgfx en Freepik.

Figura 18: Figura de los genes *Hox* basada en: *Digestive and respiratory systems and body cavities.* https://clinicalgate.com/digestive-and-respiratory-systems-and-body-cavities.

Figura 21: Ross, C.; Boroviak, T. E., «Origin and function of the yolk sac in primate embryogenesis», *Nat Commun*, n. ° 11, pág. 3760, 2020. https://doi.org/10.1038/s41467-020-17575-w.